ERGEBNISSE DER MATHEMATIK
UND IHRER GRENZGEBIETE
HERAUSGEGEBEN VON DER SCHRIFTLEITUNG
DES
„ZENTRALBLATT FÜR MATHEMATIK"
ZWEITER BAND
4

ASYMPTOTISCHE GESETZE DER WAHRSCHEINLICHKEITSRECHNUNG

VON

A. KHINTCHINE

BERLIN
VERLAG VON JULIUS SPRINGER
1933

ISBN 978-3-642-49460-4 ISBN 978-3-642-49742-1 (eBook)
DOI 10.1007/978-3-642-49742-1
Softcover reprint of the hardcover 1st edition 1933

Vorwort.

Das *sachliche* Hauptziel der Wahrscheinlichkeitsrechnung ist die mathematische Erforschung von Massenerscheinungen. In *formaler* Hinsicht bedeutet das einen erkenntnistheoretisch genügend scharf abgegrenzten Problemkreis: diejenigen Gesetzmäßigkeiten der Erscheinungen und Vorgänge theoretisch zu erfassen, die durch das *Massenhafte* an ihnen (d. h. durch das Auftreten einer *großen Anzahl* von in gewissem Sinne gleichberechtigten Ereignissen, Größen u. dgl. m.) in ihren Hauptzügen bedingt sind, so daß daneben die individuelle Beschaffenheit der einzelnen Ingredienten gewissermaßen in den Hintergrund tritt. Rein *mathematisch* führt das endlich zu Infinitesimalbetrachtungen einer spezifischen Gattung, indem die für eine unendlich große Ingredientenanzahl geltenden Grenzgesetze systematisch untersucht und begründet werden. In diesem Zusammenhang erscheinen die unter dem Namen von „Grenzwertsätzen" bekannten asymptotischen Gesetze der Wahrscheinlichkeitsrechnung keinesfalls als ein isoliertes Nebenstück dieser Wissenschaft, sondern sie bilden im Gegenteil den wesentlichsten Teil ihrer Problematik.

Diese „asymptotische" Wahrscheinlichkeitsrechnung ist als mathematische Wissenschaft noch ziemlich weit davon entfernt, ein einheitliches Ganzes zu bilden. Vor wenigen Jahren zählte sie zu ihren Ergebnissen nur ein paar ganz abgesondert stehender, durch keinen allgemeinen Standpunkt vereinigter Grenzwertsätze. Nur in der allerletzten Zeit konnte sie gewisse neue Aussichtspunkte erringen, die die Hoffnung erwecken, für dieses theoretisch grundlegende und auch für die Naturwissenschaften äußerst wichtige Forschungsgebiet in absehbarer Zeit eine einheitliche Theorie zu gewinnen. Es müssen hier einerseits die aus der physikalischen Statistik kommenden, mit der sog. FOKKER-PLANCKschen Differentialgleichung verbundenen Betrachtungen, andererseits die rein mathematisch entstandenen Untersuchungen über stetige stochastische Prozesse (BACHELIER, HADAMARD, HOSTINSKY, KOLMOGOROFF, DE FINETTI u. a.) erwähnt werden.

Angesichts der geschilderten Sachlage hielt ich es für angebracht, in diesem Büchlein, das als Einführung in die modernen Methoden der asymptotischen Wahrscheinlichkeitsrechnung dienen soll, in erster Linie dasjenige darzulegen, was zur Einheitlichkeit der Theorie am meisten beizutragen scheint. Es mußten infolge des so gewählten Standpunktes einige sehr elegante und fruchtbare Untersuchungen unerwähnt geblieben sein, vor allem die schönen Schöpfungen von S. Bernstein, P. Lévy, R. v. Mises und G. Pólya. Ich habe mich bemüht, soweit es ging, das ganze Gebäude mittels einer einheitlichen Methode zu erfassen; als ein diesem Ziel am besten angepaßter Gedankengang erschien mir dabei die auf verschiedene Fragen der Analysis mit bekanntem Erfolg von O. Perron angewandte Einführung von „oberen" und „unteren" Funktionen, deren Bedeutung für wahrscheinlichkeitstheoretische Probleme kürzlich von Petrowsky entdeckt und eingehend benutzt wurde.

Meinen Freunden Kolmogoroff und Petrowsky, die mich bei der Herstellung dieses Büchleins durch viele höchst wertvolle Ratschläge unterstützt und mir ihre noch nicht veröffentlichten Untersuchungen zur Verfügung gestellt haben, gilt mein aufrichtiger Dank.

Moskau, den 14. Februar 1933.

A. Khintchine.

Inhaltsverzeichnis.

Seite

Erstes Kapitel.

Der LAPLACE-LJAPOUNOFFsche Grenzwertsatz 1

§ 1. Summen unabhängiger zufälliger Variablen 1
§ 2. Der stetige stochastische Prozeß 8
§ 3. Der zweidimensionale Fall 11

Zweites Kapitel.

Der POISSONsche Grenzwertsatz und seine Verallgemeinerung . 16

§ 1. Die Grenzformel von POISSON 16
§ 2. Der elementare unstetige stochastische Prozeß 19
§ 3. Der verallgemeinerte POISSONsche Grenzwertsatz 21
§ 4. Der allgemeine unstetige stochastische Prozeß 23

Drittes Kapitel.

Diffusionsprobleme 24

§ 1. Erstes Diffusionsproblem 24
§ 2. Zweites Diffusionsproblem; eindimensionaler Fall 31
§ 3. Zweidimensionaler Fall 39

Viertes Kapitel.

Einseitige Irrfahrt und Verallgemeinerung der LAPLACE-TCHEBYCHEFFschen Fragestellung 47

§ 1. Das zweidimensionale Problem der einseitigen Irrfahrt 47
§ 2. Eine Verallgemeinerung der LAPLACE-TCHEBYCHEFFschen Fragestellung 54

Fünftes Kapitel.

Der Satz vom iterierten Logarithmus 59

§ 1. Summen zufälliger Variablen 59
§ 2. Stetiger stochastischer Prozeß 68
§ 3. Der lokale Satz vom iterierten Logarithmus 72

Literaturverzeichnis 76

Erstes Kapitel.

Der LAPLACE-LJAPOUNOFFsche Grenzwertsatz.

§ 1. Summen unabhängiger zufälliger Variablen.

1. Das älteste und bekannteste unter den asymptotischen Gesetzen der Wahrscheinlichkeitsrechnung — der LAPLACE-LJAPOUNOFFsche Grenzwertsatz — bleibt auch heutzutage eines der Fundamentalergebnisse dieser Wissenschaft; und zwar nicht nur wegen seiner grundlegenden Bedeutung für eine in ständigem Wachstum begriffene Anzahl von Anwendungsgebieten, sondern auch aus dem Grunde, daß die modernen Methoden und Standpunkte der Wahrscheinlichkeitstheorie die zentrale Stellung dieses Satzes für fast alle Forschungsrichtungen immer klarer hervortreten lassen. Es erscheint somit angemessen, daß wir unsere Darstellung mit diesem Satz beginnen; und es wird dabei unsere wichtigste Aufgabe sein, den Inhalt und die Beweismethoden seiner Behauptungen in möglichst enge Verbindung mit den allgemeinen Gesichtspunkten der modernen Wahrscheinlichkeitstheorie zu bringen.

Die zufällige Variable $\mathbf{x}$ unterliege dem Verteilungsgesetz $U(x)$, das wir durch die Festsetzungen[1]

$$\int x\, dU(x) = 0\,, \qquad \int x^2\, dU(x) = 1$$

normiert voraussetzen wollen. Es sei bekannt, daß $\mathbf{x}$ eine Summe von n gegenseitig unabhängigen zufälligen Variablen $\mathbf{x}_1, \mathbf{x}_2, \ldots, \mathbf{x}_n$ ist, die bzw. gewissen Verteilungsgesetzen $F_1(x), F_2(x), \ldots, F_n(x)$ unterliegen.

Der wesentliche Inhalt des LAPLACE-LJAPOUNOFFschen Grenzwertsatzes besagt, daß im Fall einer großen Anzahl n von Summanden unter sehr allgemeinen Bedingungen $U(x)$ gleichmäßig in bezug auf x der GAUSS-LAPLACEschen Funktion

$$\Phi(x) = \frac{1}{\sqrt{2\pi}} \int^{x} e^{-\frac{1}{2}u^2}\, du$$

sehr nahe liegt, ganz unabhängig von der speziellen Beschaffenheit der Summandenverteilungsgesetze. Die dazu notwendigen Bedingungen betreffen ausschließlich das Gewicht der einzelnen Summanden von $\mathbf{x}$ in der Summenbildung und haben auf irgendwelche Weise zum Ausdruck

---

[1] Eine nicht explizit angegebene untere (bzw. obere) Integrationsgrenze bedeutet hier und im folgenden durchweg $-\infty$ (bzw. $+\infty$).

zu bringen, daß die Beiträge dieser einzelnen Summanden erwartungsmäßig klein im Verhältnis zum Gesamtwert der Summe sein müssen. Bei der gewählten Normierung genügt es z. B. vollständig, wenn man voraussetzt, daß die dritten absoluten Momente der Größen $\boldsymbol{x}_k$ gleichmäßig klein im Vergleich zu ihren Streuungen werden. Die LJAPOUNOFFsche Beweismethode [24, 25][1] verlangt etwas weniger, indem sie nur die absoluten Momente der Ordnung $2 + \delta$ ($\delta > 0$ beliebig klein) heranzieht und demgemäß nicht einmal die Endlichkeit der dritten absoluten Momente voraussetzt. Noch etwas weniger bindend sind die in den letzten Jahren immer größeren Beifall gewinnenden LINDEBERGschen Bedingungen [23], in denen überhaupt keine Momente höherer Ordnung vorkommen, dafür aber eine gewisse Gleichmäßigkeit der Konvergenz der die zweiten Momente darstellenden Integrale gefordert wird. Es ist jedoch zu bemerken, daß alle diese verschiedenen Bedingungsformen im wesentlichen dieselben Eigenschaften der zugrunde gelegten Reihe von zufälligen Variablen zum Ausdruck bringen und daß ihre formellen Unterschiede hauptsächlich durch das Bestreben einer möglichst bequemen Anpassung an die jeweils ersonnene Beweismethode bedingt sind. Dementsprechend werden wir auch im folgenden Bedingungen aufstellen, die eine unwesentliche Modifikation der LINDEBERGschen Bedingungen bilden und der gewählten Beweismethode besonders gut angepaßt sind.

Was diese Beweismethode anbetrifft, so ist sie in der hier dargelegten Gestalt neu, obwohl die von ihr benutzten Zusammenhänge schon von mehreren Verfassern betont worden waren, sei es, um gewisse heuristische Standpunkte zu gewinnen oder um Analogien und Beziehungen zu anderen mathematischen Methoden hervorzuheben (vgl. z. B. [28] S. 499). Außer ihrer Einfachheit und Durchsichtigkeit hat diese von PETROWSKY [30] herrührende und von KOLMOGOROFF [21] auf die gegenwärtige Fragestellung zuerst angewandte Beweisidee noch den großen Vorteil, daß sie den Zusammenhang des betrachteten Wahrscheinlichkeitsproblems mit gewissen partiellen Differentialgleichungen in helles Licht bringt und damit eine große Verallgemeinerungsfähigkeit erreicht; nicht nur kann sie, wie der Leser noch in diesem Kapitel sehen kann, fast ohne Änderung auf den mehrdimensionalen Fall übertragen werden, sondern auch kompliziertere und tieferliegende Diffusionsprobleme können, wie in späteren Kapiteln dargelegt werden soll, mit derselben Methode angegriffen und gelöst werden; und auch die Theorie der stetigen stochastischen Prozesse findet in ihr (vgl. § 2 dieses Kapitels) eine gut zutreffende Behandlungsmethode.

2. Die Bedingung, bei deren Bestehen die Verteilungsfunktion $U(x)$ in ihrem ganzen Verlauf nur wenig von der GAUSS-LAPLACEschen Funk-

[1] Die Zahlen in eckigen Klammern beziehen sich auf die Literaturangaben am Ende des Berichtes.

tion $\Phi(x)$ abweicht, wollen wir dahin formulieren, daß für sehr kleines $\tau > 0$ die Integrale

$$\int_{|x|>\tau} x^2\, dF_k(x) \qquad (k = 1, 2, \ldots, n)$$

immer noch sehr klein im Vergleich zu den entsprechenden Streuungen

$$\int x^2\, dF_k(x) = b_k \qquad (k = 1, 2, \ldots, n)$$

sein müssen; dabei ist (eigentlich nur der kürzeren Schreibweise halber) vorausgesetzt, daß die Erwartungswerte sämtlicher $\mathbf{x}_k$ $(k = 1, 2, \ldots, n)$ verschwinden. Der Wortlaut des Satzes kann demnach folgendermaßen gefaßt werden:

Zu jedem $\varepsilon > 0$ gibt es zwei positive Zahlen τ und λ von der Beschaffenheit, daß jedesmal, wenn die Bedingungen

$$\text{(L)} \qquad \int_{|x|>\tau} x^2\, dF_k(x) < \lambda\, b_k \qquad (k = 1, 2, \ldots, n)$$

erfüllt sind, für alle x

$$|U(x) - \Phi(x)| < 2\varepsilon$$

ist.

Zwecks besserer Übersichtlichkeit wollen wir dem Beweise eine kurze Skizze desselben vorausschicken. Bedeutet $U_k(x)$ $(k = 1, 2, \ldots, n)$ die Verteilungsfunktion der Summe $\sum_{i=1}^{k} \mathbf{x}_i$, so ist offenbar $U_n(x) = U(x)$ und für $k > 1$

$$\text{(1)} \qquad U_k(x) = \int U_{k-1}(x - \xi)\, dF_k(\xi)\,.$$

Nun ist $\Phi\left(\frac{x}{\sqrt{z}}\right)$ in der Halbebene $z > 0$ eine Lösung der „Wärmegleichung“

$$\frac{\partial \Phi}{\partial z} = \frac{1}{2}\, \frac{\partial^2 \Phi}{\partial x^2}\,;$$

die Grundidee des Petrowsky-Kolmogoroffschen Beweises besteht in der Einführung einer „oberen“ Funktion[1]

$$V(x, z) = \Phi\left(\frac{x}{\sqrt{z}}\right) + \varepsilon z$$

($\varepsilon > 0$ beliebig konstant), die offenbar der Gleichung

$$\text{(2)} \qquad \frac{\partial V}{\partial z} = \frac{1}{2}\, \frac{\partial^2 V}{\partial x^2} + \varepsilon$$

genügt; es läßt sich zeigen (und das bildet den entscheidenden Hilfssatz 1), daß für jedes $\delta > 0$ und für genügend kleine τ und λ in der ganzen Halbebene $z > \delta$

$$\text{(3)} \qquad V(x, z + b_k) > \int V(x - \xi, z)\, dF_k(\xi) \qquad (k = 1, 2, \ldots, n)$$

ist.

[1] Für elliptische Gleichungen von O. Perron [29] eingeführt, für parabolische von Sternberg [33] benutzt.

Die Gegenüberstellung der Gleichung (1) und der Ungleichung (3) führt dann leicht mittels einer Rekurrenzbetrachtung zu dem Schluß, daß $U_n(x) = U(x)$ nicht viel größer als $V\left(x, \sum_{k=1}^{n} b_k\right) = V(x, 1) = \Phi(x) + \varepsilon$ sein kann, und folglich auch nur wenig größer als $\Phi(x)$, da ε beliebig klein gewählt werden kann. Da sich auf ganz dieselbe Weise auch die umgekehrte Ungleichung (mit $-\varepsilon$ an Stelle von ε) begründen läßt, wird damit der Beweis vollendet.

3. Hilfssatz 1. *Für jedes* $\delta > 0$ *und genügend kleine* τ *und* λ *folgt aus* (L) *in der ganzen Halbebene* $z > \delta$ *die Ungleichung* (3).

Beweis: Man bemerke zunächst, daß alle partiellen Ableitungen der Funktion $V(x, z)$ im Gebiet $z > \delta$ gleichmäßig beschränkt und gleichmäßig stetig sind. Ferner ist

$$V(x - \xi, z) = V(x, z) - \xi \frac{\partial V}{\partial x} + \frac{1}{2} \xi^2 \frac{\partial^2 V}{\partial x^2} + \varrho(x, \xi, z),$$

$$\varrho(x, \xi, z) = \frac{1}{2} \xi^2 \left\{\left[\frac{\partial^2 V}{\partial x^2}\right]_{x - \Theta\xi, z} - \frac{\partial^2 V}{\partial x^2}\right\}, \qquad 0 < \Theta < 1,$$

wo die nicht explizit angegebenen Argumentwerte überall x, z sind. Demnach ist wegen $\int dF_k(\xi) = 1$ und $\int \xi \, dF_k(\xi) = 0$

$$\int V(x - \xi, z)\, dF_k(\xi) = V(x, z) + \frac{1}{2} b_k \frac{\partial^2 V}{\partial x^2} + J, \tag{4}$$

$$J = \int \varrho(x, \xi, z)\, dF_k(\xi).$$

Bedeutet nun $M(\delta)$ eine obere Schranke für die Absolutwerte der partiellen Ableitungen zweiter Ordnung von $V(x, z)$ im Gebiet $z > \delta$, so wird überall in diesem Gebiet

$$|\varrho(x, \xi, z)| < \xi^2 M(\delta);$$

ist $\tau > 0$ genügend klein, so haben wir außerdem wegen der gleichmäßigen Stetigkeit von $\partial^2 V / \partial x^2$ in demselben Gebiet

$$|\varrho(x, \xi, z)| < \frac{\varepsilon}{3} \xi^2 \quad \text{für} \quad |\xi| < \tau.$$

Das ergibt, wenn man der LINDEBERGschen Bedingung (L) Rechnung trägt,

$$|J| \leqq \int_{-\tau}^{\tau} |\varrho(x, \xi, z)|\, dF_k(\xi) + \int_{|\xi| > \tau} |\varrho(x, \xi, z)|\, dF_k(\xi)$$

$$\leqq \frac{\varepsilon}{3} \int_{-\tau}^{\tau} \xi^2\, dF_k(\xi) + M(\delta) \int_{|\xi| > \tau} \xi^2\, dF_k(\xi)$$

$$\leqq \frac{\varepsilon}{3} b_k + M(\delta)\, \lambda\, b_k;$$

wählt man $\lambda < \frac{\varepsilon}{3M(\delta)}$, so folgt

$$|J| < \frac{2\varepsilon}{3} b_k;$$

und wenn man noch berücksichtigt, daß $V(x, z)$ der Gleichung (2) genügt, so folgt aus (4)

$$\int V(x-\xi, z)\, dF_k(\xi) < V(x, z) + b_k \frac{\partial V}{\partial z} - \frac{\varepsilon}{3} b_k. \tag{5}$$

Andererseits ist aber wegen (L)

$$b_k = \int_{-\tau}^{\tau} \xi^2\, dF_k(\xi) + \int_{|\xi|>\tau} \xi^2\, dF_k(\xi) < \tau^2 + \lambda b_k,$$

$$b_k < \frac{\tau^2}{1-\lambda}, \tag{6}$$

und folglich wegen

$$V(x, z+b_k) = V(x, z) + b_k \frac{\partial V}{\partial z} + \frac{1}{2} b_k^2 \left[\frac{\partial^2 V}{\partial z^2}\right]_{x,\, z+\Theta b_k} \qquad (0 < \Theta < 1),$$

$$V(x, z+b_k) > V(x, z) + b_k \frac{\partial V}{\partial z} - \frac{1}{2} b_k^2 M(\delta)$$

$$> V(x, z) + b_k \frac{\partial V}{\partial z} - \frac{1}{2} \frac{\tau^2 M(\delta)}{1-\lambda} b_k;$$

für genügend kleine τ und λ ergibt das

$$V(x, z+b_k) > V(x, z) + b_k \frac{\partial V}{\partial z} - \frac{\varepsilon}{3} b_k. \tag{7}$$

Aus (5) und (7) folgt (3), w. z. b. w.

Um nun den Beweis des Hauptsatzes zu vollenden, brauchen wir noch folgenden elementaren

Hilfssatz 2. *Zwei zufällige Variablen mögen verschwindende Erwartungswerte und Streuungen $<\beta$ haben; sind $G_1(x)$ bzw. $G_2(x)$ ihre Verteilungsfunktionen, so gilt für alle x und alle $\alpha > 0$*

$$G_1(x) - G_2(x + 2\alpha) \leqq \frac{\beta}{\alpha^2}.$$

Beweis: 1. Im Fall $x \leqq -\alpha$ ist nach der Tchebycheffschen Ungleichung

$$G_1(x) \leqq G_1(-\alpha) \leqq \frac{\beta}{\alpha^2},$$

und a fortiori

$$G_1(x) - G_2(x + 2\alpha) \leqq \frac{\beta}{\alpha^2}.$$

2. Im Fall $x > -\alpha$ ist nach derselben Ungleichung

$$G_2(x + 2\alpha) \geqq G_2(\alpha) \geqq 1 - \frac{\beta}{\alpha^2},$$

und a fortiori

$$G_1(x) - G_2(x + 2\alpha) \leqq 1 - G_2(x + 2\alpha) \leqq \frac{\beta}{\alpha^2}.$$

4. Die Summe $\sum_{i=1}^{k} \mathbf{x}_i$ hat die Streuung $B_k = \sum_{i=1}^{k} b_i$ und das Verteilungsgesetz $U_k(x)$. Indem wir die im Hilfssatz 1 gewählte Konstante δ festhalten, können wir wegen (6) behaupten, daß für genügend kleine λ und τ

$$b_k < \delta \qquad (k = 1, 2, \ldots, n)$$

ausfällt; in der Reihe $B_1, B_2, \ldots, B_n$ ist dann $B_1 = b_1 < \delta$ und $B_n = 1 > \delta$ (selbstverständlich bedeutet die Forderung $\delta < 1$ keine Einschränkung). Es sei B_s das erste Glied dieser Reihe, das größer als δ ausfällt $(1 < s \leqq n)$; offenbar ist dann

$$\delta < B_s = B_{s-1} + b_s < 2\delta .$$

Das Verteilungsgesetz $U_s(x)$ hat somit den Mittelwert Null und eine Streuung $B_s < 2\delta$. Nun ist aber auch $\Phi\left(\frac{x}{\sqrt{B_s}}\right)$ ein Verteilungsgesetz mit genau denselben Eigenschaften, und folglich gilt nach Hilfssatz 2 für alle x und alle $\alpha > 0$

$$U_s(x) - \Phi\left(\frac{x + 2\alpha}{\sqrt{B_s}}\right) < \frac{2\delta}{\alpha^2},$$

und a fortiori

(8) $$U_s(x) - V(x + 2\alpha, B_s) = U_s(x) - \Phi\left(\frac{x + 2\alpha}{\sqrt{B_s}}\right) - \varepsilon B_s < \frac{2\delta}{\alpha^2}.$$

Wegen $B_s > \delta$ ist aber nach Hilfssatz 1 für $k > s$

(9) $$V(x + 2\alpha, B_k) > \int V(x + 2\alpha - \xi, B_{k-1})\, dF_k(\xi);$$

setzt man daher allgemein

$$W_k(x) = U_k(x) - V(x + 2\alpha, B_k),$$

so ergibt sich aus (1) und (9) durch Subtraktion

$$W_k(x) < \int W_{k-1}(x - \xi)\, dF_k(\xi).$$

Bezeichnet man mit μ_k die obere Schranke von $W_k(x)$, so folgt hieraus offenbar wegen $\int dF_k(\xi) = 1$, $\mu_k \leqq \mu_{k-1} (k > s)$; das ergibt aber in rekurrenter Weise $\mu_n \leqq \mu_s$, und folglich wegen (8)

$$U_n(x) - V(x + 2\alpha, B_n) = U(x) - \Phi(x + 2\alpha) - \varepsilon \leqq \mu_s < \frac{2\delta}{\alpha^2}$$

oder

$$U(x) < \Phi(x) + \frac{1}{\sqrt{2\pi}} \int_x^{x+2\alpha} e^{-\frac{1}{2}u^2}\, du + \varepsilon + \frac{2\delta}{\alpha^2} < \Phi(x) + \frac{2\alpha}{\sqrt{2\pi}} + \varepsilon + \frac{2\delta}{\alpha^2},$$

und bei geeigneter Wahl von α und δ

$$U(x) < \Phi(x) + 2\varepsilon .$$

Eine vollständig analoge Schlußweise läßt aber [mittels Heranziehen einer „unteren" Funktion $\Phi\left(\frac{x}{\sqrt{z}}\right) - \varepsilon z$] erkennen, daß auch die Ungleichung

$$U(x) > \Phi(x) - 2\varepsilon$$

für genügend kleine λ und τ erfüllt ist, und damit ist offenbar der Beweis des Satzes vollständig erbracht.

5. In dieser Beweisanordnung tritt die Forderung einer großen Anzahl n von Summanden explizit gar nicht auf. Sie ist aber implizit in der aus (L) folgenden Ungleichung (6) enthalten, wonach die Streuungen der Summanden klein sein müssen, während die Gesamtstreuung gleich Eins angenommen wird. Diese von LINDEBERG [23] herrührende Normierung der ganzen Fragestellung, wenn sie auch nicht die übliche ist, ist jedoch den meisten Anwendungen (Fehlertheorie, Diffusionsprobleme) am besten angepaßt; denn es handelt sich da in der Regel um zufallsmäßige kleine Änderungen, die in ihrer Gesamtheit einen merklichen Effekt ergeben. Der Satz kann als eine Lösung des einfachsten linearen Diffusionsproblems aufgefaßt werden: ein Teilchen bewegt sich in aufeinanderfolgenden Schritten vom Nullpunkt aus längs einer Geraden, $\mathbf{x}_k$ bedeutet den Zuwachs seiner Abszisse beim $k$ten Schritt, $\sum_{k=1}^{n} \mathbf{x}_k = \mathbf{x}$ seine Abszisse nach Vollendung von n Schritten; die einzelnen Schritte geschehen in sehr kleinen Zeitintervallen, das Verteilungsgesetz der Abszissenänderung ist im allgemeinen für verschiedene Schritte verschieden [$F_k(x)$ von k abhängig]. Gefragt wird nach dem asymptotischen Verhalten des Verteilungsgesetzes für die Abszisse $\mathbf{x}$ der Endlage, wenn die Zeitintervalle, in denen die Schritte erfolgen, immer kleiner werden.

Die übliche Normierung, die sich an den ursprünglichen LAPLACEschen Spezialfall anschließt, ist eine andere; die Anzahl n der Summanden wächst ins Unendliche, während ihre Verteilungsgesetze ungeändert bleiben; die b_k behalten somit ihre endliche Ordnung, während B_n mit n ins Unendliche wächst; dementsprechend wird nach der Verteilung von $x/\sqrt{B_n}$ gefragt, und die LINDEBERGsche Bedingung wird dahin abgeändert, daß die Integrale

$$\frac{1}{b_k}\int\limits_{|x|>\tau\sqrt{B_n}} x^2\, dF_k(x) \qquad (k=1,2,\ldots,n)$$

wie klein auch $\tau > 0$ sei, für $n \to \infty$ gleichmäßig in bezug auf $k \leqq n$ gegen Null konvergieren. Das Ergebnis bleibt selbstverständlich das frühere, wie auch der Beweis in allen Einzelheiten. An dieser Form der LINDEBERGschen Bedingung ersieht man am klarsten ihren wahren Sinn; denn für jedes fixierte k konvergiert offenbar das hingeschriebene Integral gegen Null, wenn B_n unendlich wird, wie klein auch τ sein mag; das einzig Neue, was die LINDEBERGsche Bedingung von dieser Konvergenz fordert, ist somit ihre *Gleichmäßigkeit* in bezug auf k, die selbstverständlich nicht a priori erfüllt zu sein braucht.

Der klassische LAPLACEsche Fall betrifft bekanntlich Verteilungsfunktionen $F_k(x)$, die untereinander identisch sind und nur die beiden

Wachstumsstellen $x = 0$ und $x = 1$ haben. Man spricht dann von einer Reihe von gegenseitig unabhängigen *Ereignissen*, die alle dieselbe Wahrscheinlichkeit p haben; ist $\boldsymbol{m}$ die zufallsmäßige Anzahl der unter den n ersten Ereignissen tatsächlich auftretenden, so ist np der Erwartungswert von $\boldsymbol{m}$, und $np(1-p)$ ihre Streuung; die Wahrscheinlichkeit der Ungleichung $\boldsymbol{m} - np < x\sqrt{np(1-p)}$ liegt für große n nahe an

$$\Phi(x) = \frac{1}{\sqrt{2\pi}} \int^{x} e^{-\frac{1}{2}u^2} du.$$

§ 2. Der stetige stochastische Prozeß.

6. Wenn wir die ganze in § 1 behandelte Fragestellung als lineares Diffusionsproblem auffassen, wie das genauer in **5.** geschildert war, werden wir ganz naturgemäß zum Versuch geführt, den Änderungsprozeß von Anfang an als stetig vorauszusetzen. Wir betrachten demnach eine *in stetiger Weise* zufallsmäßig veränderliche Größe $\boldsymbol{x}$ (etwa die Abszisse eines beweglichen Teilchens), so daß an Stelle der diskreten Folge einzelner Schritte nunmehr ein kontinuierlicher stochastischer Prozeß tritt, indem der erfolgten Lagenänderung in jedem Moment und nicht bloß nach Abschluß bestimmter Zeitintervalle Rechnung getragen wird.

Man vermutet sogleich, daß die Wahrscheinlichkeitsverteilung von $\boldsymbol{x}$ in jedem bestimmten Zeitpunkt unter gewissen Bedingungen sehr allgemeiner Natur durch das GAUSS-LAPLACEsche Gesetz geregelt sein muß. Diese neue Art der Fragestellung, die sich von der früheren dadurch unterscheidet, daß die Verteilungsfunktion direkt für den im Limes stetig gewordenen Prozeß gesucht wird und infolgedessen die Lösung als eigentliches Verteilungsgesetz (und nicht, wie früher, nur als Grenzfunktion von Verteilungsgesetzen) auftritt, wurde erstmals von BACHELIER [1, 2] behandelt, allerdings mit mathematisch unzureichenden Hilfsmitteln. In der allerneuesten Zeit hat sie aber durch KOLMOGOROFF [18, 19] und DE FINETTI [6, 7] eine sehr weitgehende und zu einem der schönsten Kapitel der Wahrscheinlichkeitstheorie gewordene Ausbildung und Verallgemeinerung erfahren, zu der die Betrachtungen dieses Paragraphen nur ein erstes elementares Beispiel bilden können.

Die Untersuchungen von KOLMOGOROFF lassen erkennen, daß die GAUSS-LAPLACEsche Form des stetigen stochastischen Prozesses tatsächlich unter sehr allgemeinen Bedingungen die einzig mögliche ist; es liegt aber nicht in unserer Absicht, die dazu notwendigen Voraussetzungen hier in ihrer Allgemeinheit zu überprüfen; vielmehr sollen unsere Bemühungen vor allem dem anderen Ziele gelten — durch gewisse einschränkende Voraussetzungen und entsprechende formale Vereinfachung unter bewußtem Verzicht auf Allgemeinheit die Beweisidee möglichst deutlich hervorzuheben.

Dementsprechend wollen wir voraussetzen, daß die Verteilungsfunktion der Änderung, die $\boldsymbol{x}$ in einem beliebigen Zeitintervall erfährt, eine stetige Ableitung (Wahrscheinlichkeitsdichte) hat und daß diese Ableitung auch gewissen Differenzierbarkeitsbedingungen genügt, die später näher bestimmt werden sollen.

Wir bezeichnen mit $f(z, t_1, t_2)\,dz$ die Wahrscheinlichkeit dafür, daß die im Zeitintervall (t_1, t_2) erfolgende Änderung von $\boldsymbol{x}$ zwischen z und $z + dz$ liegt. Der Erwartungswert

$$\int z\, f(z, t_1, t_2)\, dz$$

dieser Änderung soll identisch in t_1 und t_2 gleich Null sein, die Streuung

$$\int z^2 f(z, t_1, t_2)\, dz$$

sei mit $B(t_1, t_2)$ bezeichnet. Die Änderungen von $\boldsymbol{x}$ in nicht übergreifenden Zeitintervallen sollen gegenseitig unabhängig sein, was insbesondere

$$B(t_1, t_2) + B(t_2, t_3) = B(t_1, t_3) \qquad (t_1 < t_2 < t_3)$$

zur Folge hat.

Wir machen nun die für das stetige Bild des Prozesses unentbehrliche Voraussetzung, daß $B(t_1, t_2)$ nach t_2 differenzierbar ist[1], und setzen der Kürze halber

$$B(0, t) = B(t), \qquad B'(t) = \beta(t), \qquad f(z, 0, t) = \varphi(z, t)\,.$$

Offenbar ist

$$\varphi(z, t + \Delta t) = \int \varphi(z - \zeta, t)\, f(\zeta, t, t + \Delta t)\, d\zeta\,. \tag{10}$$

Nun müssen noch weitere einschränkende Voraussetzungen über das gesuchte Verteilungsgesetz getroffen werden. Wir wollen annehmen, daß $\frac{\partial \varphi}{\partial t}$ und $\frac{\partial^2 \varphi}{\partial z^2}$ für alle $t > 0$ und alle z existieren und daß $\frac{\partial^2 \varphi}{\partial z^2}$ für jedes feste $t > 0$ gleichmäßig stetig und beschränkt ist. Ferner soll die der LINDEBERGschen Bedingung vollständig analoge Relation

$$\frac{1}{\Delta t} \int\limits_{|\zeta| > \tau} \zeta^2 f(\zeta, t, t + \Delta t)\, d\zeta \to 0$$

---

[1] Es sei jedoch bemerkt, daß diese Voraussetzung die Auffassung des stetigen Prozesses als des wahren Bildes der zufälligen Wanderung eines materiellen Teilchens unmöglich macht; denn die Annahme, daß das Quadrat der Abszissenänderung für ein kleines Zeitintervall erwartungsmäßig die Ordnung Δt (nicht Δt^2) hat, erfordert offenbar unendlich große Geschwindigkeiten. Nun ist ja aber von vornherein klar, daß schon die Annahme der gegenseitigen Unabhängigkeit der Lagenänderungen in zwei nacheinanderfolgenden Zeitintervallen für genügend kleine Intervalle unmöglich erfüllt sein kann, so daß das ganze Schema des stetigen Prozesses für die wirklichen Diffusionserscheinungen eine „kontinuierliche Idealisierung" von der auch sonst in der physikalischen Statistik üblichen Art bedeutet.

Die Funktionalgleichung (10) ist in der theoretischen Physik mehrmals benutzt worden; man bezeichnet sie bisweilen als SMOLUCHOWSKI*sche Gleichung*; in mathematischer Hinsicht hat sie in den letzten Jahren HOSTINSKY in einer Reihe von Abhandlungen eingehend untersucht.

für $\Delta t \to 0$ gelten, wie klein auch die positive Konstante τ gewählt sein mag.

Wird nun Δt unendlich klein, so ist einerseits

(11) $$\varphi(z, t+\Delta t) = \varphi(z,t) + \frac{\partial \varphi}{\partial t}\Delta t + o(\Delta t),$$

andererseits aber

$$\varphi(z-\zeta, t) = \varphi(z,t) - \zeta\frac{\partial \varphi}{\partial z} + \frac{1}{2}\zeta^2\frac{\partial^2 \varphi}{\partial z^2}$$
$$+\frac{1}{2}\zeta^2\left\{\left[\frac{\partial^2\varphi}{\partial z^2}\right]_{z-\Theta\zeta, t} - \frac{\partial^2\varphi}{\partial z^2}\right\}, \qquad (0<\Theta<1)$$

wo das nicht explizit hingeschriebene Argumentpaar immer z, t ist; folglich wird

(12) $$\int\varphi(z-\zeta,t)f(\zeta,t,t+\Delta t)\,d\zeta = \varphi(z,t) + \frac{1}{2}B(t,t+\Delta t)\frac{\partial^2\varphi}{\partial z^2} + J,$$
$$J = \frac{1}{2}\int\zeta^2\left\{\left[\frac{\partial^2\varphi}{\partial z^2}\right]_{z-\Theta\zeta,t} - \frac{\partial^2\varphi}{\partial z^2}\right\}f(\zeta,t,t+\Delta t)\,d\zeta.$$

Zerlegt man im letzten Integral die Integrationsstrecke in die beiden Teile $|\zeta| \leqq \tau$ und $|\zeta| > \tau$, so ist im ersten Teil die Differenz in der geschweiften Klammer für genügend kleines τ beliebig klein wegen der vorausgesetzten gleichmäßigen Stetigkeit von $\frac{\partial^2\varphi}{\partial z^2}$, so daß der Absolutwert des betreffenden Integralteils beliebig klein im Vergleich zu Δt wird. Der zweite Teil ist aber wegen (L) und der gleichmäßigen Beschränktheit von $\frac{\partial^2\varphi}{\partial z^2}$ auch unendlich klein im Vergleich zu Δt, so daß wir zusammenfassend $J = o(\Delta t)$ erschließen können.

Demnach ergibt (10) wegen (11) und (12)

$$\frac{\partial\varphi}{\partial t}\Delta t = \frac{1}{2}B(t,t+\Delta t)\frac{\partial^2\varphi}{\partial z^2} + o(\Delta t)$$
$$= \frac{1}{2}\frac{\partial^2\varphi}{\partial z^2}[B(t+\Delta t) - B(t)] + o(\Delta t)$$
$$= \frac{1}{2}\frac{\partial^2\varphi}{\partial z^2}\beta(t)\,\Delta t + o(\Delta t),$$

was im Limes für $\Delta t \to 0$ zu

$$\frac{\partial\varphi}{\partial t} = \frac{1}{2}\beta(t)\frac{\partial^2\varphi}{\partial z^2}$$

führt. Die Variablentransformation

$$B(t) = \int_0^t \beta(u)\,du = t'$$

überführt diese Differentialgleichung in die kanonische Wärmegleichung

$$\frac{\partial\varphi}{\partial t'} = \frac{1}{2}\frac{\partial^2\varphi}{\partial z^2},$$

deren der Integralbedingung

$$\int \varphi(z, t')\, dz = 1 \qquad (t' > 0)$$

genügende Lösung bekanntlich durch

$$\varphi(z, t') = \frac{1}{\sqrt{2\pi t'}}\, e^{-\frac{z^2}{2t'}}$$

gegeben ist. Somit ist

$$f(z, 0, t) = \frac{1}{\sqrt{2\pi B(t)}}\, e^{-\frac{z^2}{2B(t)}}$$

unter den aufgestellten Bedingungen die einzig mögliche Verteilung einer in einem stetigen stochastischen Prozeß begriffenen zufälligen Variablen.

§ 3. Der zweidimensionale Fall.

7. Wir kehren nun zu dem ursprünglichen Problem zurück, um die in § 1 dargelegte Methode auf den mehrdimensionalen Fall zu übertragen. Da es dabei auf die Anzahl der Variablen im wesentlichen nicht ankommt, wollen wir uns der kürzeren Ausdrucksweise halber auf den zweidimensionalen Fall beschränken.

Es seien also $\mathbf{x}_1, \mathbf{x}_2, \ldots, \mathbf{x}_n$ und $\mathbf{y}_1, \mathbf{y}_2, \ldots, \mathbf{y}_n$ zwei Reihen von zufälligen Variablen; das Variablenpaar $\mathbf{x}_k, \mathbf{y}_k$ $(k = 1, 2, \ldots, n)$ soll im allgemeinen gegenseitige Abhängigkeit aufweisen, während alle anders gebildeten Variablengruppen gegenseitig unabhängig sind. Wir wollen wieder voraussetzen, daß die Erwartungswerte aller Variablen gleich Null sind; mit b'_k bzw. b''_k bzw. c_k bezeichnen wir die Erwartungswerte von $\mathbf{x}_k^2$ bzw. $\mathbf{y}_k^2$ bzw. $\mathbf{x}_k \mathbf{y}_k$, so daß $r_k = \frac{c_k}{\sqrt{b'_k b''_k}}$ den Korrelationskoeffizienten des Variablenpaares $\mathbf{x}_k, \mathbf{y}_k$ bedeutet. Ferner setzen wir

$$\sum_{k=1}^{n} \mathbf{x}_k = \mathbf{x}, \quad \sum_{k=1}^{n} \mathbf{y}_k = \mathbf{y}, \quad \sum_{i=1}^{k} b'_i = B'_k, \quad \sum_{i=1}^{k} b''_i = B''_k, \quad \sum_{i=1}^{k} c_i = C_k$$

und bezeichnen mit $U(x, y)$ die Verteilungsfunktion für das Summenpaar $\mathbf{x}, \mathbf{y}$.

Der verallgemeinerte LAPLACE-LJAPOUNOFFsche Grenzwertsatz behauptet nun, daß unter gewissen Bedingungen allgemeiner Natur die Funktion $U(x, y)$ für große Werte von n gleichmäßig in bezug auf x und y der zweidimensionalen GAUSSschen Funktion

$$\Phi(x, y, B'_n, B''_n, C_n) = \frac{1}{2\pi\sqrt{B'_n B''_n - C_n^2}} \int^{x}\!\!\int^{y} e^{-\frac{1}{2(B'_n B''_n - C_n^2)}(B''_n u^2 + B'_n v^2 - 2 C_n u v)}\, du\, dv$$

sehr nahe liegt, ganz unabhängig von den Verteilungsgesetzen der einzelnen Summandenpaare.

Der Beweis dieser Behauptung erfordert nur wenig grundsätzlich Neues im Vergleich mit dem eindimensionalen Fall; jede Methode, die zur Lösung des eindimensionalen Problems führt, läßt sich wohl im Prinzip auch auf die mehrdimensionale Fragestellung übertragen. Und in der Tat sind schon mehrere solche Übertragungen in der Literatur bekannt[1], obwohl der Problemkreis zu den modernsten in der Wahrscheinlichkeitstheorie zählt. Hier soll ein Gedankengang skizziert werden, der eine direkte Verallgemeinerung der in § 1 benutzten PETROWSKYschen Beweisidee darstellt.

Vor allem handelt es sich um eine genaue Aufzählung der Bedingungen, unter deren Geltung der Satz bewiesen werden soll. Diese Bedingungen zerfallen in zwei Gruppen; die erste Gruppe soll aussagen, daß die LINDEBERGschen Voraussetzungen für jede der beiden Variablenreihen einzeln erfüllt sind. Bezeichnet man mit $F_k(x, y)$ die Verteilungsfunktion des Variablenpaares $\boldsymbol{x}_k, \boldsymbol{y}_k$, so sollen demnach für sehr kleines $\tau > 0$ alle Integrale

$$\frac{1}{b'_k}\int\!\!\int_{|\xi|>\tau} \xi^2\, d_2 F_k(\xi, \eta), \qquad \frac{1}{b''_k}\int\!\!\int_{|\eta|>\tau} \eta^2\, d_2 F_k(\xi, \eta) \qquad (k = 1, 2, \ldots, n)$$

immer noch sehr klein ausfallen (selbstverständlich werden dabei B'_n, B''_n, C_n als konstant betrachtet, entsprechend der ersten Normierungsart von § 1).

Die zweite Gruppe bilden Bedingungen, die aus der erhöhten Dimensionszahl entspringen und demnach keine Analoga im eindimensionalen Problem besitzen; sie haben zum Ausdruck zu bringen, daß eventuelle Entartungen vermieden werden sollen; mit anderen Worten sollen die Korrelationsellipsen der Summen $\sum_{i=1}^{k} \boldsymbol{x}_i$ und $\sum_{i=1}^{k} \boldsymbol{y}_i$ für alle $k \leqq n$ Exzentrizitäten haben, die unterhalb einer gewissen Schranke $\varrho < 1$ verbleiben; es wird damit dafür Sorge getragen, daß die Verteilungen wesentlich zweidimensional erscheinen. Notwendig und hinreichend ist dafür, daß erstens die Verhältnisse B'_k/B''_k $(k = 1, 2, \ldots, n)$ zwischen zwei positiven Zahlen l_1 und l_2 eingeschlossen sind und daß zweitens die Korrelationskoeffizienten $R_k = C_k/\sqrt{B'_k B''_k}$ der Summenpaare $\sum_{i=1}^{k} \boldsymbol{x}_i$, $\sum_{i=1}^{k} \boldsymbol{y}_i$ sämtlich unterhalb einer festen Schranke $R < 1$ bleiben; diese beiden Voraussetzungen wollen wir also im folgenden immer als erfüllt annehmen.

8. Die zweidimensionale GAUSSsche Verteilungsfunktion

$$\Phi(x, y, z_1, z_2, z_3) = \frac{1}{2\pi\sqrt{\Delta}} \int^{x}\!\!\int^{y} e^{-\frac{1}{2\Delta}\{z_2 u^2 + z_1 v^2 - 2 z_3 u v\}}\, du\, dv\,,$$

[1] So kennt man z. B. einen Beweis von S. BERNSTEIN [3] mittels charakteristischer Funktionen, der wohl als erste Lösung des Problems angesehen werden kann; vgl. ferner CASTELNUOVO [5] (Momentenmethode) und KHINTCHINE [14] (LINDEBERGsche Methode).

wo zur Abkürzung $z_1 z_2 - z_3^2 = \Delta$ gesetzt ist, genügt für $z_1 > 0$, $z_2 > 0$, $\Delta > 0$ dem System von partiellen Differentialgleichungen

$$\frac{\partial \Phi}{\partial z_1} = \frac{1}{2} \frac{\partial^2 \Phi}{\partial x^2},$$

$$\frac{\partial \Phi}{\partial z_2} = \frac{1}{2} \frac{\partial^2 \Phi}{\partial y^2},$$

$$\frac{\partial \Phi}{\partial z_3} = \frac{\partial^2 \Phi}{\partial x \, \partial y}.$$

Ist nun ε eine kleine positive Zahl und setzt man

$$V(x, y, z_1, z_2, z_3) = \Phi(x, y, z_1, z_2, z_3) + \varepsilon(z_1 + z_2),$$

so ist offenbar für $z_1 > 0$, $z_2 > 0$, $\Delta > 0$

$$(13) \quad \begin{cases} \dfrac{\partial V}{\partial z_1} = \dfrac{1}{2} \dfrac{\partial^2 V}{\partial x^2} + \varepsilon, \\ \dfrac{\partial V}{\partial z_2} = \dfrac{1}{2} \dfrac{\partial^2 V}{\partial y^2} + \varepsilon, \\ \dfrac{\partial V}{\partial z_3} = \dfrac{\partial^2 V}{\partial x \, \partial y}; \end{cases}$$

und man sieht leicht ein, daß für jede noch so kleine positive Zahl δ alle partiellen Ableitungen der Funktion V im Gebiete $z_1 > \delta$, $z_2 > \delta$, $z_3^2 < (1 - \delta) z_1 z_2$ gleichmäßig in bezug auf x und y beschränkt und stetig sind.

Das erlaubt nun, für dieses Gebiet die dem Hilfssatz 1 in § 1 vollständig analoge Ungleichung

$$(14) \quad \begin{cases} V(x, y, z_1 + b_k', z_2 + b_k'', z_3 + c_k) \\ > \iint V(x - \xi, y - \eta, z_1, z_2, z_3) \, d_2 F_k(\xi, \eta) \end{cases} \qquad (k = 1, 2, \ldots, n)$$

zu begründen. In der Tat ist einerseits

$$(15) \quad \begin{cases} V(x, y, z_1 + b_k', z_2 + b_k'', z_3 + c_k) = V + b_k' \dfrac{\partial V}{\partial z_1} + b_k'' \dfrac{\partial V}{\partial z_2} \\ \qquad + c_k \dfrac{\partial V}{\partial z_3} + O(b_k'^2 + b_k''^2), \end{cases}$$

wo hier und im folgenden die nicht explizit angegebenen Argumentwerte immer x, y, z_1, z_2, z_3 sind. Andererseits ist aber

$$V(x - \xi, y - \eta, z_1, z_2, z_3) = V - \xi \frac{\partial V}{\partial x} - \eta \frac{\partial V}{\partial y}$$
$$+ \frac{1}{2}\left\{\xi^2 \frac{\partial^2 V}{\partial x^2} + \eta^2 \frac{\partial^2 V}{\partial y^2} + 2\xi\eta \frac{\partial^2 V}{\partial x \, \partial y}\right\} + (\xi^2 + \eta^2) \varrho(x, y, \xi, \eta, z_1, z_2, z_3),$$

wo $\varrho(x, y, \xi, \eta, z_1, z_2, z_3)$ eine Funktion darstellt, die für genügend kleine ξ, η gleichmäßig in bezug auf alle anderen Argumente beliebig klein wird und sonst absolut beschränkt bleibt. Demnach ergibt sich

$$(16)\quad \begin{cases} \iint V(x-\xi, y-\eta, z_1, z_2, z_3)\, d_2 F_k(\xi,\eta) = V + \frac{1}{2} b_k' \frac{\partial^2 V}{\partial x^2} \\ \quad + \frac{1}{2} b_k'' \frac{\partial^2 V}{\partial y^2} + c_k \frac{\partial^2 V}{\partial x\, \partial y} + J, \end{cases}$$

$$J = \iint (\xi^2 + \eta^2)\, \varrho(x, y, \xi, \eta, z_1, z_2, z_3)\, d_2 F_k(\xi,\eta).$$

Um dieses letzte Integral abzuschätzen, wollen wir den Integrationsbereich in folgende vier Teile zerlegen:

$$D_1)\quad |\xi| \leqq \tau,\ |\eta| \leqq \tau;$$

$$D_2)\quad |\xi| > \tau,\ |\eta| > \tau;$$

$$D_3)\quad |\xi| \leqq \tau,\ |\eta| > \tau;$$

$$D_4)\quad |\xi| > \tau,\ |\eta| \leqq \tau,$$

wo τ eine fest gewählte beliebig kleine positive Zahl bedeutet; bezeichnet man die vier entsprechenden Integralteile resp. mit J_1, J_2, J_3, J_4, so erhält J_1 die gewünschte Form $o(b_k + b_k')$ wegen der beliebigen Kleinheit von ϱ im zugehörigen Integrationsbereich; für J_2 folgt dasselbe offenbar aus der LINDEBERGschen Bedingung; J_3 und J_4 können aus Symmetriegründen einander ähnlich behandelt werden, so daß wir uns mit der Abschätzung von J_3 begnügen wollen. Es ist

$$|J_3| = \Big|\iint\limits_{\substack{|\xi|\leqq\tau \\ |\eta|>\tau}} (\xi^2+\eta^2)\, \varrho\, d_2 F_k(\xi,\eta)\Big| < M \iint\limits_{D_3} 2\eta^2\, d_2 F_k(\xi,\eta),$$

wo M eine obere Schranke für $|\varrho|$ bedeutet. Nach den LINDEBERGschen Bedingungen haben also auch J_3 und J_4 die Form $o(b_k' + b_k'')$, so daß wir

$$(17)\qquad J = o(b_k' + b_k'')$$

schließen können.

Wie im eindimensionalen Fall, kann auch hier aus den LINDEBERGschen Bedingungen leicht geschlossen werden, daß die Streuungen b_k', b_k'' beliebig klein angenommen werden dürfen, so daß $b_k'^2 + b_k''^2 = o(b_k' + b_k'')$ wird. Berücksichtigt man die Gleichungen (13), so kann folglich (15) auch folgenderweise geschrieben werden:

$$V(x, y, z_1 + b_k', z_2 + b_k'', z_3 + c_k) = V + \frac{1}{2} b_k' \frac{\partial^2 V}{\partial x^2} + \frac{1}{2} b_k'' \frac{\partial^2 V}{\partial y^2}$$
$$+ c_k \frac{\partial^2 V}{\partial x\, \partial y} + \varepsilon(b_k' + b_k'') + o(b_k' + b_k''),$$

während die Gleichung (16) wegen (17) zu

$$\iint V(x-\xi, y-\eta, z_1, z_2, z_3)\, d_2 F_k(\xi,\eta) = V + \frac{1}{2} b_k' \frac{\partial^2 V}{\partial x^2}$$
$$+ \frac{1}{2} b_k'' \frac{\partial^2 V}{\partial y^2} + c_k \frac{\partial^2 V}{\partial x\, \partial y} + o(b_k' + b_k'')$$

führt. Aus den beiden letzten Relationen folgt aber offenbar die Ungleichung (14), w. z. b. w.

9. Der Rest des Beweises unterscheidet sich nun noch weniger von den entsprechenden Betrachtungen des eindimensionalen Falles. An Stelle von Hilfssatz 2 tritt hier folgender zweidimensionale Satz, dessen Beweis sich ebenso einfach gestaltet und deshalb dem Leser überlassen werden soll: Zwei Variablenpaare mit den Verteilungsfunktionen $G_1(x, y)$ bzw. $G_2(x, y)$ mögen verschwindende Erwartungswerte haben; alle Momente zweiter Ordnung sollen die positive Zahl β nicht übertreffen; dann ist für jedes $\alpha > 0$ und alle x, y

$$G_1(x, y) - G_2(x + 2\alpha, y + 2\alpha) < \frac{2\beta}{\alpha^2}.$$

Wählt man nun eine feste kleine Zahl $\delta > 0$ und setzt voraus, daß alle b'_k und b''_k kleiner als δ ausfallen, so soll wieder s die kleinste Nummer sein, für die wenigstens eine der beiden Streuungen B'_s, B''_s größer als δ ausfällt. Wegen $B'_{s-1} \leqq \delta$, $B''_{s-1} \leqq \delta$, $b'_s < \delta$, $b''_s < \delta$ ist dann $B'_s < 2\delta$, $B''_s < 2\delta$; bezeichnet man demnach allgemein mit $U_k(x, y)$ die Verteilungsfunktion des Summenpaares $\sum_{i=1}^{k} \boldsymbol{x}_i$, $\sum_{i=1}^{k} \boldsymbol{y}_i$, so wird nach dem soeben formulierten Hilfssatz für alle x, y und alle $\alpha > 0$

$$U_s(x, y) - \Phi(x + 2\alpha, y + 2\alpha, B'_s, B''_s, C_s) < \frac{4\delta}{\alpha^2}$$

und a fortiori

$$U_s(x, y) - V(x + 2\alpha, y + 2\alpha, B'_s, B''_s, C_s) < \frac{4\delta}{\alpha^2}. \tag{18}$$

Nun ist nach der Bedeutung von s die größere der beiden Zahlen B'_s, B''_s größer als δ; da wir aber angenommen haben, daß das Verhältnis dieser Zahlen zwischen zwei festen positiven Schranken eingeschlossen bleibt, so können wir daraus schließen, daß beide Streuungen eine feste positive Schranke gewiß übertreffen; endlich ist nach unserer Voraussetzung $R_k^2 = \frac{C_k^2}{B'_k B''_k} < R^2 < 1$, was $B'_k B''_k - C_k^2 > (1 - R^2) B'_k B''_k$ zur Folge hat. Somit sind alle für den Beweis der Ungleichung (14) mit $z_1 = B'_{k-1}$, $z_2 = B''_{k-1}$, $z_3 = C_{k-1}$, $s < k \leqq n$ erforderlichen Voraussetzungen erfüllt, und wir können schließen, daß für $s < k \leqq n$ und alle x, y, α

$$\left\{\begin{aligned} & V(x + 2\alpha, y + 2\alpha, B'_k, B''_k, C_k) \\ & > \iint V(x + 2\alpha - \xi, y + 2\alpha - \eta, B'_{k-1}, B''_{k-1}, C_{k-1})\, d_2 F_k(\xi, \eta) \end{aligned}\right. \tag{19}$$

ist. Da aber offenbar andererseits

$$U_k(x, y) = \iint U_{k-1}(x - \xi, y - \eta)\, d_2 F_k(\xi, \eta) \qquad (1 < k \leqq n) \tag{20}$$

gilt, so ergibt sich, wenn man

$$U_k(x, y) - V(x + 2\alpha, y + 2\alpha, B'_k, B''_k, C_k) = W_k(x, y)$$

setzt, durch Subtraktion aus (20) und (19)

$$W_k(x, y) < \iint W_{k-1}(x - \xi, y - \eta)\, d_2 F_k(\xi, \eta) \qquad (s < k \leqq n).$$

Bezeichnet man mit μ_k die obere Schranke von $W_k(x, y)$, so ergibt sich aus dieser Ungleichung in rekurrenter Weise $\mu_n \leqq \mu_s$, und da nach (18) $\mu_s \leqq \frac{4\delta}{\alpha^2}$ ist, so folgt für alle x, y

$$W_n(x, y) = U_n(x, y) - \Phi(x + 2\alpha, y + 2\alpha, B'_n, B''_n, C_n) \\ - \varepsilon(B'_n + B''_n) < \frac{4\delta}{\alpha^2}$$

und folglich

$$U_n(x, y) < \Phi(x, y, B'_n, B''_n, C_n) + O(\alpha) + \varepsilon(B'_n + B''_n) + \frac{4\delta}{\alpha^2}.$$

Hierin sind B'_n, B''_n und C_n gemäß der getroffenen Normierung als konstant zu betrachten. Durch geeignete Wahl von ε, α und δ kann somit die Summe der drei rechts stehenden Zusatzglieder beliebig klein gemacht werden. Damit ist eine Hälfte des Satzes bewiesen; die andere Hälfte wird hier wie im eindimensionalen Problem auf eine vollständig analoge Weise erledigt, indem nur an Stelle der „oberen" Funktion $\Phi + \varepsilon(z_1 + z_2)$ eine „untere" $\Phi - \varepsilon(z_1 + z_2)$ tritt und alle Ungleichungen einen umgekehrten Sinn erhalten.

Es ist klar, daß die Verallgemeinerung auf mehr als zwei Dimensionen durch die Betrachtungen dieses Paragraphen vollständig nahegelegt ist und keiner näheren Erläuterungen bedarf.

Zweites Kapitel.

Der POISSONsche Grenzwertsatz und seine Verallgemeinerung.

§ 1. Die Grenzformel von POISSON.

1. Die ursprüngliche LAPLACEsche Form des im ersten Kapitel behandelten zentralen Grenzwertsatzes der Wahrscheinlichkeitsrechnung bezieht sich, wie übrigens daselbst (am Ende von § 1) erwähnt war, auf das sog. BERNOULLIsche Schema, welches historisch als der Ausgangspunkt aller infinitesimalen wahrscheinlichkeitstheoretischen Betrachtungen angesehen werden muß. Wenn eine unbegrenzte Reihe von gegenseitig unabhängigen Ereignissen

$$E_1, E_2, \ldots, E_n, \ldots$$

vorliegt[1], deren jedes die Wahrscheinlichkeit p besitzt, so wird die Wahrscheinlichkeit dafür, daß unter den n ersten von diesen Ereignissen

[1] Statt dessen pflegt man auch von einer unbegrenzten Reihe von *Versuchen* (*Prüfungen*) zu reden, die sich alle auf das Eintreten *eines* bestimmten Ereignisses beziehen.

genau m eintreten, durch die NEWTONsche Formel

$$P_n(m) = \binom{n}{m} p^m (1-p)^{n-m} \tag{1}$$

ausgedrückt. Wächst hierbei n ins Unendliche, so entsteht eine Anzahl von Grenzwertproblemen, deren wichtigstes eben das LAPLACEsche Problem ist: die Wahrscheinlichkeit der Ungleichung[1]

$$\boldsymbol{m} - np < x\sqrt{np(1-p)}$$

als Funktion von x asymptotisch abzuschätzen.

Es ist aber seit lange her noch ein zweites mit demselben Schema verbundenes und wesentlich elementareres Grenzwertproblem bekannt; es handelt sich um die angenäherte Abschätzung von $P_n(m)$ selbst unter der Voraussetzung, daß n sehr groß, p jedoch *sehr klein* wird, so daß der Erwartungswert $a = np$ von $\boldsymbol{m}$ eine endliche Größenordnung beibehält. Setzt man in (1) $p = a/n$ und läßt n bei konstantem a unendlich groß werden, so ergibt sich, wie eine leichte Rechnung zeigt,

$$\lim_{n \to \infty} P_n(m) = \frac{a^m e^{-a}}{m!}. \tag{2}$$

Das ist die sog. POISSON*sche Grenzverteilung*[2]. Wegen $\sum\limits_{m=0}^{\infty} \frac{a^m e^{-a}}{m!} = 1$ liefert die Formel (2) in der Tat ein ganz bestimmtes, von dem einzigen Parameter a abhängendes Verteilungsgesetz; was die sachliche Deutung dieser Verteilung anbetrifft, so gilt sie zunächst als praktisch brauchbare Näherungsformel für die Statistik „seltener" Ereignisse (kleines p!); in den älteren Lehrbüchern wird ihr Anwendungsgebiet ausnahmslos auf ganz außergewöhnliche Erscheinungen (wie Kinderselbstmorde u. dgl. m.) eingeschränkt; in diesem Zusammenhang hat sie auch den allerdings nicht sehr passenden Namen „Gesetz der kleinen Zahlen" (L. v. BORTKIEWICZ) erhalten.

In der jüngsten Zeit hat sie aber angesichts vieler neuartiger Anwendungen physikalischer und technischer Natur (Schwankungserscheinungen verschiedener Art, radioaktiver Zerfall, Fernsprechverkehr u. dgl. m.) eine weit hervorragendere Bedeutung erhalten, die auch heute noch bei weitem nicht erschöpft und in fortwährendem Wachstum begriffen ist, so daß die POISSONsche Grenzverteilung heutzutage als eines der wichtigsten mathematischen Hilfsmittel der Naturforschung und Technik angesehen werden muß. Aber auch in theoretischer Hinsicht läßt sie sich in eine prinzipiell wichtige und immer mehr Bedeutung gewinnende Begriffsbildung einräumen, wie im folgenden ausführlich

[1] $\boldsymbol{m}$ ist die zufällige Variable: Anzahl der unter den n ersten E_k tatsächlich eintretenden.

[2] R. v. MISES [27] hat gezeigt, daß derselbe Grenzwertsatz auch in dem Falle gilt, wo die Wahrscheinlichkeiten der n gewählten Ereignisse verschieden sind, sofern nur ihre Summe (also der Erwartungswert von $\boldsymbol{m}$) gleich a bleibt; vgl. dazu auch weitere Untersuchungen von H. POLLACZEK-GEIRINGER [31].

dargelegt werden soll; genau so, wie die Gauss-Laplacesche Verteilung die Struktur der stetigen stochastischen Prozesse beherrscht (vgl. § 2 des ersten Kapitels), erweist sich die Poissonsche Verteilung als elementarer Baustein des allgemeinen unstetigen (sprungweise erfolgenden) stochastischen Prozesses, was zweifellos den wahren Grund ihrer großen Anwendungsfähigkeit klarlegt.

2. Ein erstes Anwendungsschema für die Poissonsche Verteilung bildet das Problem der Schwankungen von Teilchenzahlen. Es soll etwa eine große Zahl n von Partikeln sich zufallsmäßig über ein Raumgebiet R verteilen; man teile das Gebiet R in eine große Anzahl s von kleinen Teilgebieten (Zellen) und nehme an, daß für jede Partikel die Wahrscheinlichkeit, sich in einer bestimmten dieser Zellen zu befinden, für alle Zellen dieselbe (also gleich $1/s$) sei; durch die Lage der übrigen Partikel soll diese Wahrscheinlichkeit nicht beeinflußt werden (gegenseitige Unabhängigkeit der Ereignisse). Die Wahrscheinlichkeit dafür, daß sich in einer bestimmten vorgegebenen Zelle genau m Partikel befinden, ist dann

$$P_n(m) = \binom{n}{m}\left(\frac{1}{s}\right)^m\left(1-\frac{1}{s}\right)^{n-m};$$

betrachtet man n und s als von derselben Ordnung unendlich groß (was praktisch durch geeignete Wahl der Zellengröße immer erreichbar ist), so daß $n/s = a$ als konstant angesehen werden kann, so ergibt sich offenbar im Limes die Poissonsche Verteilung (2), die somit im vorliegenden Fall als eine praktisch brauchbare Formel zur Berechnung von $P_n(m)$ benutzt werden kann.

3. Ein zweites, etwas verschiedenes Anwendungsschema, das sich den Fragestellungen über den zeitlichen Ablauf gewisser Vorgänge (Fernsprechverkehr, radioaktiver Zerfall von Atomen) besser anpassen läßt, ist oftmals von Borel erläutert worden. Man denke sich n Punkte, die über ein Intervall (a, b) der Länge $b - a = nl$ zufallsmäßig verteilt werden. Die Wahrscheinlichkeit dafür, daß einer von diesen Punkten dabei in ein bestimmtes Teilintervall δ der gegebenen Strecke (a, b) fällt, soll der Länge dieses Teilintervalls proportional, also gleich $\delta/(b-a)$ sein; die Chancen der einzelnen Punkte werden gegenseitig unabhängig gedacht. Nun wird ein Teilintervall der festen Länge λ vorgegeben, und man fragt nach der Wahrscheinlichkeit dafür, daß in dieses Intervall genau m Punkte fallen. Die Antwort wird offenbar durch

$$P_n(m) = \binom{n}{m}\left(\frac{\lambda}{nl}\right)^m\left(1-\frac{\lambda}{nl}\right)^{n-m}$$

gegeben. Wird die Anzahl der Punkte [und damit auch die ihr proportionale zur Verfügung stehende Gesamtstrecke (a, b)] unendlich groß, während l und λ konstante Werte beibehalten, so ergibt sich

$$\lim_{n\to\infty} P_n(m) = \frac{\left(\frac{\lambda}{l}\right)^m e^{-\frac{\lambda}{l}}}{m!}. \tag{3}$$

Denkt man sich die gegebene Gerade als Zeitachse und die zufallsmäßig auf ihr verteilten Punkte als Eintrittsmomente von gewissen n Ereignissen, so läßt sich das Ergebnis folgendermaßen formulieren: *Wenn in einer Zeitstrecke der Länge nl im ganzen n gegenseitig unabhängige Ereignisse eintreten, deren jedes mit gleichen Wahrscheinlichkeiten in zwei beliebige gleich lange Teilstrecken der gegebenen Gesamtzeitstrecke fallen kann, so nähert sich die Verteilung der Anzahl* $\mathbf{m}$ *der in einem Zeitintervall der Länge λ eintretenden Ereignisse bei wachsendem n unbegrenzt der* POISSON*schen Verteilung* (3).

In den meisten mathematischen Untersuchungen über den Fernsprechverkehr bildet dieses Ergebnis den Ausgangspunkt; es ist aber auch eine andere Behandlungsweise dieser Fragestellungen üblich, bei der die POISSONsche Verteilung als die exakte Lösung des entsprechend modifizierten (als stochastischer Prozeß aufgefaßten) Problems hervortritt; dies soll im nächsten Paragraphen dargelegt werden.

§ 2. Der elementare unstetige stochastische Prozeß.

4. Für die theoretische Erfassung der zufälligen zeitlichen Vorgänge, die in der Nacheinanderfolge von zufallsmäßig von Zeit zu Zeit eintretenden momentanen Änderungen bestehen, ist eine Betrachtungsweise sehr geeignet, die in gewisser Analogie zur im § 2 des ersten Kapitels durchgeführten Analyse des stetigen stochastischen Prozesses steht; auch hier erscheint das POISSONsche Verteilungsgesetz nicht als eine nur asymptotisch geltende Grenzformel für ein finites Wahrscheinlichkeitsproblem, sondern als die exakte Lösung einer Aufgabe, in deren *Formulierung* der Grenzübergang in einem gewissen Sinne schon vollbracht ist.

Der *elementare unstetige stochastische Prozeß* besteht definitionsgemäß aus der Nacheinanderfolge immer wieder eintretender Ereignisse von einer ganz bestimmten Art (Zerfall eines Atoms, Fernsprechanruf usw.). Die Wahrscheinlichkeit dafür, daß wenigstens ein Ereignis der betrachteten Art in einem bestimmten Zeitintervall der Länge t eintritt, wird dabei unabhängig vom Anfangspunkt dieses Zeitintervalls sowie von alledem, was vor Beginn dieses Zeitintervalls geschah, vorausgesetzt und soll mit $\varphi(t)$ bezeichnet werden. Über die Wahrscheinlichkeitsverhältnisse in kleinen Zeitstrecken machen wir folgende Annahmen:

1. $\varphi(t) = \lambda t + o(t)$, $\lambda > 0$ konstant.
2. Die Wahrscheinlichkeit $\psi(t)$ dafür, daß in einem Zeitintervall der Länge t *mehr als ein* Ereignis der betrachteten Art eintritt, ist $o(t)$.

Bedeutet nun $f(t) = 1 - \varphi(t)$ die Wahrscheinlichkeit dafür, daß in einem Zeitintervall der Länge t *kein* Ereignis der betrachteten Art eintritt, so ist offenbar

$$f(t + \Delta t) = f(t)\, f(\Delta t) = f(t)\,[1 - \varphi(\Delta t)] = f(t)\,[1 - \lambda\,\Delta t + o(\Delta t)]$$

und folglich

$$f'(t) = -\lambda f(t),$$

$$f(t) = C e^{-\lambda t}$$

oder, da offenbar $f(0) = 1$ sein muß,

$$f(t) = e^{-\lambda t}, \qquad \varphi(t) = 1 - e^{-\lambda t}.$$

Bezeichnet man mit $w_k(t)$ die Wahrscheinlichkeit dafür, daß innerhalb einer Zeitstrecke der Länge t genau k Ereignisse der betrachteten Art eintreten, so ist

$$w_0(t) = f(t),$$

und für $k > 0$ nach der Voraussetzung 2

$$\begin{aligned} w_k(t + \Delta t) &= w_k(t)\, w_0(\Delta t) + w_{k-1}(t)\, w_1(\Delta t) + o(\Delta t) \\ &= w_k(t)\, f(\Delta t) + w_{k-1}(t)\,[\varphi(\Delta t) - \psi(\Delta t)] + o(\Delta t) \\ &= w_k(t)\,(1 - \lambda \Delta t) + w_{k-1}(t)\, \lambda \Delta t + o(\Delta t), \end{aligned}$$

und folglich

$$\frac{w_k(t + \Delta t) - w_k(t)}{\Delta t} = -\lambda w_k(t) + \lambda w_{k-1}(t) + o(1),$$

und im Limes für $\Delta t \to 0$

$$\frac{1}{\lambda} w_k'(t) = w_{k-1}(t) - w_k(t). \qquad (k > 0)$$

Die Lösung dieser Differenzen-Differentialgleichung ergibt sich am einfachsten mittels des Ansatzes

$$w_k(t) = e^{-\lambda t} u_k(t), \qquad (k > 0)$$

der zu

$$u_k'(t) = \lambda u_{k-1}(t) \qquad (k > 0)$$

führt; für $k > 0$ ist aber $u_k(0) = w_k(0) = 0$, und folglich

$$u_k(t) = \lambda \int_0^t u_{k-1}(s)\, ds; \tag{4}$$

nun ist aber

$$w_0(t) = f(t) = e^{-\lambda t}, \qquad u_0(t) = e^{\lambda t} w_0(t) = 1;$$

deswegen folgt aus (4) durch Induktion

$$u_k(t) = \frac{(\lambda t)^k}{k!}$$

und folglich

$$w_k(t) = \frac{(\lambda t)^k e^{-\lambda t}}{k!};$$

für die Anzahl der Ereignisse im Zeitintervall t erhält man somit eine POISSONsche Verteilung mit dem Erwartungswert λt.

§ 3. Der verallgemeinerte POISSONsche Grenzwertsatz.

5. Das BERNOULLIsche Problem ist der elementarste Spezialfall der allgemeinen TCHEBYSCHEFFschen Fragestellung über das Verteilungsgesetz von Summen einer großen Anzahl von zufälligen Variablen. Im ersten Kapitel haben wir für den Fall des LAPLACEschen Grenzwertsatzes direkt dieses allgemeine Problem in Angriff genommen und erst später den klassischen BERNOULLI-LAPLACEschen Spezialfall ausgesondert. Für den POISSONschen Grenzwertsatz haben wir den umgekehrten Weg gewählt, da diese Sachen, obschon sie sich mathematisch wesentlich einfacher gestalten, weniger bekannt sind. Nun wollen wir auch die entsprechende allgemeine Fragestellung behandeln.

Wir betrachten eine große Anzahl n von gegenseitig unabhängigen zufälligen Variablen $\mathbf{x}_1, \mathbf{x}_2, \ldots, \mathbf{x}_n$, die alle demselben Verteilungsgesetz $F(x)$ unterliegen mögen; dasselbe sei so beschaffen, daß

$$F(+0) - F(-0) = 1 - \frac{a}{n} \qquad (a > 0 \text{ konstant})$$

ist, und im übrigen ganz beliebig. Wir setzen somit voraus, daß jede einzelne Variable nur mit einer Wahrscheinlichkeit a/n von Null verschieden ausfallen kann.

Definiert man das Verteilungsgesetz $\varepsilon(x)$ durch die Festsetzung

$$\varepsilon(x) = 0 \quad \text{für} \quad x \leqq 0,$$
$$\varepsilon(x) = 1 \quad \text{für} \quad x > 0$$

und setzt

$$F(x) = \left(1 - \frac{a}{n}\right) \varepsilon(x) + \frac{a}{n} \Phi(x),$$

so ist $\Phi(x)$, wie man sofort einsieht, wieder ein Verteilungsgesetz; und zwar bedeutet offenbar $\Phi(x)$ die Wahrscheinlichkeit dafür, daß die betreffende zufällige Variable kleiner als x ausfällt, *falls schon bekannt ist, daß ihr Wert von Null verschieden ist.* Setzt man nun $\Phi_0(x) = \varepsilon(x)$ und für $k > 0$ allgemein

$$\Phi_k(x) = \int \Phi_{k-1}(x - \xi)\, d\Phi(\xi),$$

so ist offenbar $\Phi_k(x)$ das Verteilungsgesetz der Summe von k gegenseitig unabhängigen zufälligen Variablen der betrachteten Art, *unter der Voraussetzung, daß keine von diesen Variablen gleich Null wird.* Daraus folgt aber sofort, daß das Verteilungsgesetz von $\sum_{i=1}^{n} \mathbf{x}_i$ durch die Formel

$$F_n(x) = \sum_{k=0}^{n} \binom{n}{k} \left(\frac{a}{n}\right)^k \left(1 - \frac{a}{n}\right)^{n-k} \Phi_k(x) \tag{5}$$

dargestellt wird; denn die Voraussetzung, daß unter den n Summanden k bestimmt gewählte von Null verschieden sind, während die übrigen verschwinden, besitzt die Wahrscheinlichkeit $\left(\frac{a}{n}\right)^k\left(1-\frac{a}{n}\right)^{n-k}$; und ist diese Voraussetzung erfüllt, so ist $\Phi_k(x)$ das Verteilungsgesetz von $\sum_{i=1}^{n} \mathbf{x}_i$.

6. *Für $n \to \infty$ nähert sich die Funktion* (5) *gleichmäßig in bezug auf x der Funktion*

$$F^*(x) = e^{-a} \sum_{k=0}^{\infty} \frac{a^k}{k!} \Phi_k(x) . \tag{6}$$

Beweis: $\varepsilon > 0$ sei beliebig vorgegeben. Man schreibe $F_n(x)$ in der Gestalt

$$F_n(x) = \left(1-\frac{a}{n}\right)^n \sum_{k=0}^{n} \frac{a^k}{k!} \Phi_k(x) \psi(n,k) , \tag{7}$$

$$\psi(n,k) = \frac{\prod_{l=0}^{k-1}\left(1-\frac{l}{n}\right)}{\left(1-\frac{a}{n}\right)^k} ;$$

wählt man $N = N(\varepsilon)$ so groß, daß

$$2e^a \sum_{k>N} \frac{a^k}{k!} < \frac{\varepsilon}{2}$$

und für $n \geqq N$

$$\left(1-\frac{a}{n}\right)^n > \frac{1}{2} e^{-a}$$

ausfällt, so wird für $N < k \leqq n$

$$\psi(n,k) \leqq \left(1-\frac{a}{n}\right)^{-k} \leqq \left(1-\frac{a}{n}\right)^{-n} < 2e^a ,$$

und folglich

$$\left| \sum_{k=0}^{n} \frac{a^k}{k!} \Phi_k(x) \psi(n,k) - \sum_{k=0}^{\infty} \frac{a^k}{k!} \Phi_k(x) \right|$$

$$= \left| \sum_{k=0}^{N} \frac{a^k}{k!} \Phi_k(x) \{\psi(n,k) - 1\} + \sum_{k=N+1}^{n} \frac{a^k}{k!} \Phi_k(x) \{\psi(n,k) - 1\} - \sum_{k=n+1}^{\infty} \frac{a^k}{k!} \Phi_k(x) \right|$$

$$< \left| \sum_{k=0}^{N} \frac{a^k}{k!} \Phi_k(x) \{\psi(n,k) - 1\} \right| + (2e^a - 1) \sum_{k=N+1}^{n} \frac{a^k}{k!} + \sum_{k=n+1}^{\infty} \frac{a^k}{k!}$$

$$< \sum_{k=0}^{N} \frac{a^k}{k!} \left| \psi(n,k) - 1 \right| + \frac{\varepsilon}{2} ;$$

bei festem N und $k \leqq N$ konvergiert aber offenbar für $n \to \infty$ jedes $\psi(n, k)$ gegen 1, so daß die Summe rechts für genügend großes n kleiner als $\varepsilon/2$ wird und wir

$$\left|\sum_{k=0}^{n} \frac{a^k}{k!} \Phi_k(x)\, \psi(n, k) - \sum_{k=0}^{\infty} \frac{a^k}{k!} \Phi_k(x)\right| < \varepsilon$$

erhalten. Nun unterscheidet sich der Minuend der linksstehenden Differenz von $F_n(x)$ nur um den Faktor $\left(1 - \frac{a}{n}\right)^n$, der für $n \to \infty$ gegen e^{-a} konvergiert; und um diesen Faktor unterscheidet sich gerade der Subtrahend von $F^*(x)$, womit die Behauptung bewiesen ist.

7. Selbstverständlich bildet die durch die ursprüngliche Poissonsche Grenzformel (2) gegebene Verteilung einen Spezialfall der allgemeinen Verteilung (6). Um das einzusehen, bemerke man, daß im ursprünglich behandelten Fall $\Phi(x) = \varepsilon(x - 1)$ zu setzen ist; das ergibt $\Phi_k(x) = \varepsilon(x - k)$, was übrigens auch unmittelbar angesichts der Bedeutung von $\Phi_k(x)$ klar ist. Deswegen erhält die Funktion (6) in diesem Fall die Gestalt

$$F^*(x) = e^{-a} \sum_{k=0}^{\infty} \frac{a^k}{k!} \varepsilon(x - k),$$

und das ist genau die durch die ursprüngliche Poissonsche Grenzformel (2) definierte Verteilung.

Man könnte mit derselben Methode auch die Verteilung von Summen zufälliger Variablen behandeln, die verschiedenen Gesetzen unterworfen sind; da es uns aber hierbei hauptsächlich an der Darstellung der grundsätzlichen Verhältnisse lag, wollen wir uns dabei nicht weiter aufhalten. Hingegen ist es von Wichtigkeit, auch für die allgemeine Poissonsche Grenzverteilung eine von jedem Grenzübergang freie Begründung zu geben, wodurch auch diese Verteilung als exakte Lösung einer Fragestellung erscheint, die sich auf eine sehr umfassende Art von stochastischen Prozessen bezieht.

§ 4. Der allgemeine unstetige stochastische Prozeß.

8. Wir denken uns eine Variable, die von Zeit zu Zeit sprungweise erfolgende Änderungen erleidet; die Zeitpunkte der Sprünge seien zufallsmäßig verteilt und die Wahrscheinlichkeit, in einem Zeitintervall der Länge t wenigstens einen Sprung zu erfahren, sei $\varphi(t)$; diese Wahrscheinlichkeit wird wieder unabhängig von alledem gedacht, was vor Beginn der betreffenden Zeitstrecke geschah; ferner wollen wir wieder die beiden Voraussetzungen 1. und 2. von § 2 annehmen, wobei $\psi(t)$ die Wahrscheinlichkeit dafür bedeutet, daß die Variable innerhalb der Zeitstrecke t mehr als einen Sprung erleidet. Die Größe des jeweiligen Sprunges soll ihrerseits eine zufällige Variable sein mit dem festen Verteilungsgesetz $\Phi(x)$. Gefragt wird nach dem Verteilungsgesetz

$F(x, t)$ für die summare in einem bestimmten Zeitintervall t erfolgende Änderung der vorgegebenen Variablen.

Die Antwort liegt nun sehr nahe. Die Wahrscheinlichkeit dafür, daß in dem gewählten Zeitintervall genau k Sprünge erfolgen, ist nach dem Ergebnis des § 2

$$w_k(t) = e^{-\lambda t} \frac{(\lambda t)^k}{k!};$$

ist das aber der Fall, so ist die Verteilungsfunktion der summaren Änderung eine solche für die Summe von k gegenseitig unabhängigen zufälligen Variablen, deren jede dem Verteilungsgesetz $\Phi(x)$ unterliegt; somit wird, wenn noch $\Phi_0(x) = \varepsilon(x)$ gesetzt wird,

$$F(x, t) = e^{-\lambda t} \sum_{k=0}^{\infty} \frac{(\lambda t)^k}{k!} \Phi_k(x).$$

Das ist die allgemeine POISSONsche Verteilung, wie sie durch die Formel (6) gegeben war.

Eine entwickelte Theorie des unstetigen stochastischen Prozesses hat vor kurzem DE FINETTI [7] gegeben; bald darauf hat KOLMOGOROFF [19] auch die allgemeinste Form der homogenen[1] stochastischen Prozesse mit endlichen Streuungen entdeckt; auf die Wiedergabe dieser ebenso wichtigen als auch eleganten Ergebnisse muß hier jedoch verzichtet werden, da ihre Begründung auf der Theorie der charakteristischen Funktionen fußt — einer Theorie, die über die in diesem Buch benutzten Methoden hinausragt.

Drittes Kapitel.

Diffusionsprobleme.

§ 1. Erstes Diffusionsproblem.

1. In diesem Kapitel sollen einige allgemeine Fragestellungen besprochen werden, die in der mathematischen Wahrscheinlichkeitstheorie hauptsächlich unter dem Namen von „Irrfahrtproblemen" auftreten und deren Hauptzweck ist, solche physikalische Vorgänge wie Diffusion, BROWNsche Bewegung u. dgl. m. theoretisch zu erfassen. Als asymptotische Probleme der Wahrscheinlichkeitsrechnung aufgefaßt, haben Fragestellungen dieser Art durchaus keine abgesonderte Stellung; sie erscheinen im Gegenteil als eine sinngemäße und sich logisch aufzwingende Weiterentwicklung des ursprünglichen LAPLACE-TCHEBYCHEFFschen

[1] Ein stochastischer Prozeß wird *homogen* genannt, wenn die Verteilung der Änderung, die die Variable in einem Zeitintervall erleidet, nur von der Länge dieses Intervalls, jedoch weder von seinem Anfangspunkt noch vom Wert der Variablen in diesem Anfangspunkt abhängt.

Problemkreises, den wir in den beiden ersten Kapiteln behandelt haben. Und da sie auch, wie im folgenden dargelegt werden soll, mit denselben Methoden angegriffen und gelöst werden können, so gestalten sie einen wesentlichen Teil der modernen Wahrscheinlichkeitstheorie — einer Wissenschaft, die vor wenigen Jahren noch als unreifer, im ersten Bau begriffener Zweig der Mathematik aussah — zu einem einheitlichen Ganzen. Das Gebäude ist von seiner Vollendung noch weit entfernt: aber seine Hauptzüge und bestimmende Formen lassen sich schon mit einer gewissen Klarheit und Zuverlässigkeit erkennen.

2. Die Lage eines Teilchens im Raum sei zufallsmäßigen Änderungen unterworfen und werde in bald nacheinanderfolgenden Zeitabständen immer wieder registriert; der Ausgangspunkt der Bewegung und die Verteilungsgesetze der Lagenänderung für die einzelnen Zeitstrecken seien gegeben; gefragt wird nach der Wahrscheinlichkeit dafür, daß das Teilchen sich nach Ablauf einer endlich langen Zeit (also nach einer großen Anzahl von Registrationen) in einem beliebig vorgegebenen Raumteil befindet.

Kennzeichnet man die augenblickliche Lage des punktförmig gedachten Teilchens durch seine kartesischen Koordinaten, so erscheinen die Differenzen dieser Koordinaten in zwei nacheinanderfolgenden Registrationen als zufällige Variable, und man erkennt sofort in der soeben formulierten Aufgabe das im ersten Kapitel besprochene Problem der Summenverteilung. Und dennoch verlangt der physikalische Sachverhalt meistenteils gewisser Abänderungen und Verallgemeinerungen unserer früheren Fragestellung. Denn bisher war immer nur von Summen gegenseitig unabhängiger, aber stochastisch verschiedener (verschiedenen Verteilungsgesetzen unterliegender) zufälliger Variablen die Rede, was z. B. mit dem üblichen Sachverhalt in der Fehlertheorie in gutem Einklang steht; in der Diffusionstheorie würde das aber bedeuten, daß das Verteilungsgesetz der jeweiligen Lagenänderung zwar von der Zeit abhängt, von der Lage des Teilchens zu Beginn der betreffenden Zeitstrecke dagegen ganz unabhängig ausfällt. Nun ist aber schon a priori klar, daß wir es in der Wirklichkeit meistenteils mit gerade entgegengesetzter Sachlage zu tun haben werden; denn man wird wohl in den einfachsten Anwendungen die Diffusionsverhältnisse zeitlich unveränderlich annehmen dürfen; dagegen können sie sehr wohl von Punkt zu Punkt Änderungen erleiden; die stochastische Verteilung der Lagenänderung, der Charakter der Diffusions*tendenz* können, von einfachsten homogenen Spezialfällen abgesehen, in verschiedenen Raumteilen ganz verschieden ausfallen.

In der Sprache der Wahrscheinlichkeitstheorie bedeutet das offenbar, daß die der Summation unterworfenen zufälligen Variablen im allgemeinen gegenseitig abhängig sein werden; und zwar ist diese Abhängigkeit eine solche von ganz bestimmter Art: das Verteilungsgesetz jeder Variablen wird durch den Wert der *Summe* aller vorangehenden Variablen vollständig festgelegt, so daß die Abänderung der Werte dieser vorangehenden Variablen auf das betrachtete Gesetz keinen Einfluß ausübt, sofern nur ihre Summe unverändert verbleibt (Irrelevanz der Vorgeschichte); und auch die Nummer der jeweiligen Variablen ist für die Form ihres Verteilungsgesetzes belanglos (Zeitinvarianz der Diffusionsverhältnisse). Diese Art stochastischer Bindung, die für mancherlei Anwendungen eine bedeutende Rolle spielt, ist in einigen Spezialfällen von Pólya [32], der sie als „influence globale" und „contagion" kennzeichnet, eingehend untersucht worden; man könnte sie auch dadurch charakterisieren, daß die nacheinander folgenden Summen eine „einfache Markoffsche Kette" bilden; mit diesem Namen bezeichnet man eine Reihe von zufälligen Variablen, in welcher das Verteilungsgesetz jedes beliebigen Gliedes durch den Wert des unmittelbar voranstehenden eindeutig festgelegt wird, so daß die evtl. bekannten Werte der anderen Variablen zu dieser Kenntnis keinen weiteren Beitrag geben.

Da die ganze Untersuchung derjenigen des ersten Kapitels sehr ähnlich verläuft, wollen wir uns auf den eindimensionalen Fall beschränken und die Beweisführungen möglichst kurz halten.

3. Die Gesamtzeit der Beobachtung sei in sehr kleine Zeitspannen (t_k, t_{k+1}) $(k = 0, 1, \ldots, n-1)$ zerlegt; die t_k sind die „Registrationsmomente"; der Einfachheit halber wollen wir $t_0 = 0$ annehmen und $t_n = T$ setzen; dabei soll T einstweilen als konstant betrachtet werden.

Hat die Abszisse des wandernden Teilchens zur Zeit t_k den Wert x, so soll $F_k(x, y)$ die Wahrscheinlichkeit dafür bedeuten, daß ihr Wert im Zeitpunkt t_{k+1} kleiner als y ausfällt. Man setze

$$\int (\xi - x)\, dF_k(x, \xi) = a_k(x),$$
$$\int (\xi - x)^2\, dF_k(x, \xi) = b_k(x),$$

wobei sich hier und im folgenden die Differentialbildung auf das zweite Argument von F_k bezieht. Wird $\Delta_k = t_{k+1} - t_k$ klein, so machen wir die Voraussetzung, daß $a_k(x)$ und $b_k(x)$ dabei von derselben Ordnung klein werden, und zwar genauer, daß gleichmäßig in x

$$(1) \qquad a_k(x) = \Delta_k\, \alpha(x) + o(\Delta_k), \qquad b_k(x) = \Delta_k\, \beta(x) + o(\Delta_k)$$

gilt[1]; dabei sind $\alpha(x)$ und $\beta(x)$ Funktionen, die gewissen später näher zu bestimmenden Forderungen genügen müssen. Ferner soll auch hier die „Lindebergsche" Bedingung

$$(\mathrm{L}) \qquad \int\limits_{|\xi - x| > \tau} (\xi - x)^2\, dF_k(x, \xi) = o(\Delta_k)$$

für jedes $\tau > 0$ gleichmäßig in bezug auf x und $k < n$ erfüllt sein.

[1] Vgl. übrigens die Fußnote 1 auf S. 9.

Bedeutet nun $U_k(x, y)$ die Wahrscheinlichkeit dafür, daß die Abszisse des wandernden Punktes, die zur Zeit t_k den Wert x hatte, am Ende der Wanderung (d. h. zur Zeit $t_n = T$) kleiner als y wird, so gilt offenbar

$$(2) \qquad U_k(x, y) = \int U_{k+1}(\xi, y)\, dF_k(x, \xi); \qquad (k = 0, 1, \ldots, n-1)$$

$U_n(x, y)$ ist hierbei gleich Eins für $x < y$ und gleich Null für $x \geqq y$, so daß die Gleichung (2) in rekurrenter Weise $U_k(x, y)$ für alle in Betracht kommenden Werte von k tatsächlich definiert. Die uns beschäftigende Fragestellung lautet: *Welchen Verlauf erhält im Limes die Funktion $U_0(x, y)$, wenn die Zeitspannen Δ_k gleichmäßig unendlich klein werden, so daß ihre Anzahl n ins Unendliche wächst, während $t_n = T$ dabei ungeändert bleibt?* Von dem im ersten Kapitel behandelten LAPLACE-TCHEBYSCHEFFschen Problem unterscheidet sich die neue mathematische Aufgabe in erster Linie dadurch, daß hier die Funktionen $F_k(x, \xi)$ von ihren beiden Argumenten im wesentlichen beliebig abhängen können, während sie früher als Funktionen der Differenz $\xi - x$ allein erschienen.

Als Antwort erhält man: *Im erwähnten Prozeß nähert sich $U_0(x, y)$ unbeschränkt und gleichmäßig in bezug auf beide Argumente der durch die Randbedingung*

$$V(x, 0) = \begin{cases} 1 & \text{für} \quad x < y, \\ 0 & \text{für} \quad x \geqq y \end{cases}$$

ausgesonderten Lösung $V(x, T)$ der partiellen Differentialgleichung

$$(3) \qquad \frac{\partial V}{\partial T} = \alpha(x) \frac{\partial V}{\partial x} + \frac{1}{2} \beta(x) \frac{\partial^2 V}{\partial x^2},$$

sofern nur $\alpha(x)$ und $\beta(x)$ Funktionen sind, die dieser Gleichung gewisse einfache Eigenschaften verbürgen[1].

4. Zum Beweise müssen wir zunächst die Randbedingung für die Gleichung (3) etwas abändern, um die entsprechende Lösung in der ganzen Halbebene $T \geqq 0$ genügend glatt zu machen. Es sei $\varepsilon > 0$ beliebig klein, aber fest gewählt, $V_\varepsilon(x, 0) = 1$ für $x < y$ und $V_\varepsilon(x, 0) = 0$ für $x > y + \varepsilon$; für $y \leqq x \leqq y + \varepsilon$ sei $V_\varepsilon(x, 0)$ positiv, monoton ab-

[1] Im folgenden werden alle Bedingungen, denen die Gleichung (3) zu genügen hat, an den entsprechenden Stellen der Beweisführung ausdrücklich hervorgehoben; vor allem muß $\beta(x) > 0$ sein, ferner müssen gewisse Annahmen über die Existenz und Glattheit der Lösungen gemacht werden, insbesondere über ihre Stetigkeit in bezug auf gewisse noch einzuführende Parameter; für die einfachsten Gleichungstypen (so z. B. für die Wärmegleichung) sind diese Eigenschaften bekannt oder leicht beweisbar; für den allgemeinen Typus fehlen aber zur Zeit noch m. W. die betreffenden Sätze (vgl. übrigens GEVREY [8]). Es sei bemerkt, daß der im Text bewiesene Satz in engem Zusammenhang mit der üblichen Begründung der sog. FOKKER-PLANCKschen Differentialgleichung steht (vgl. z. B. v. MISES [28] S. 499). Die ursprüngliche Ableitung dieser Gleichung, an welche sich auch heute manche Darstellungen anschließen, war jedoch mit der Betrachtung stetiger stochastischer Prozesse verbunden (vgl. **5**).

nehmend und habe stetige Ableitungen bis zur zweiten Ordnung einschließlich. Die durch diese Randbedingung festgelegte Lösung von (3) heiße $V_\varepsilon(x, T)$; *wir wollen voraussetzen, daß die Ableitungen* $\frac{\partial V_\varepsilon}{\partial T}$, $\frac{\partial V_\varepsilon}{\partial x}$ *und* $\frac{\partial^2 V_\varepsilon}{\partial x^2}$ *für* $T \geqq 0$ *gleichmäßig beschränkt und gleichmäßig stetig sind.* Dasselbe gilt dann für die Funktion

$$V_\varepsilon^*(x, T) = V_\varepsilon(x, T) + \varepsilon T,$$

die offenbar der Gleichung

(4) $$\frac{\partial V_\varepsilon^*}{\partial T} = \alpha(x)\frac{\partial V_\varepsilon^*}{\partial x} + \beta(x)\frac{\partial^2 V_\varepsilon^*}{\partial x^2} + \varepsilon$$

und derselben Randbedingung wie $V_\varepsilon(x, T)$ genügt.

Zunächst soll gezeigt werden, daß bei genügend kleinen Δ_k für alle x, alle $t\,(0 \leqq t \leqq T)$ und alle $k < n$

(5) $$V_\varepsilon^*(x, t + \Delta_k) > \int V_\varepsilon^*(\xi, t)\, dF_k(x, \xi)$$

ist. Dazu bemerke man, daß einerseits

(6) $$V_\varepsilon^*(x, t + \Delta_k) = V_\varepsilon^*(x, t) + \Delta_k \frac{\partial V_\varepsilon^*}{\partial t} + o(\Delta_k)$$

und andererseits

$$V_\varepsilon^*(\xi, t) = V_\varepsilon^*(x, t) + (\xi - x)\frac{\partial V_\varepsilon^*}{\partial x} + \frac{1}{2}(\xi - x)^2\left\{\frac{\partial^2 V_\varepsilon^*}{\partial x^2} + \varrho(x, \xi, t)\right\},$$

$$\varrho(x, \xi, t) = \left\{\frac{\partial^2 V_\varepsilon^*}{\partial x^2}\right\}_{x + \Theta(\xi - x),\, t} - \frac{\partial^2 V_\varepsilon^*}{\partial x^2}, \qquad 0 < \Theta < 1$$

ist, wo das nicht explizit hingeschriebene Argumentenpaar von V_ε^* in allen Fällen x, t ist. Das ergibt

$$\int V_\varepsilon^*(\xi, t)\, dF_k(x, \xi) = V_\varepsilon^*(x, t) + a_k(x)\frac{\partial V_\varepsilon^*}{\partial x} + \frac{1}{2} b_k(x)\frac{\partial^2 V_\varepsilon^*}{\partial x^2} + J,$$

$$J = \tfrac{1}{2}\int (\xi - x)^2 \varrho(x, \xi, t)\, dF_k(x, \xi).$$

Die Abschätzung $J = o(\Delta_k)$ wird hier ganz ähnlich wie im ersten Kapitel gewonnen; dazu zerlegt man den Integrationsweg in die beiden Teile $|\xi - x| \leqq \tau$ und $|\xi - x| > \tau$, wo τ eine beliebig klein wählbare positive Konstante bedeutet; im ersten Teil folgt die Abschätzung aus der Kleinheit von $|\xi - x|$ und der vorausgesetzten gleichmäßigen Stetigkeit von $\frac{\partial^2 V_\varepsilon^*}{\partial x^2}$; im zweiten Teil ist sie eine Folge der gleichmäßigen Beschränktheit von $\frac{\partial^2 V_\varepsilon^*}{\partial x^2}$ und der LINDEBERGschen Bedingung (L). Wenn wir noch die Relationen (1) und die für V_ε^* gültige Gleichung (4) berücksichtigen, erhalten wir demnach

$$\int V_\varepsilon^*(\xi, t)\, dF_k(x, \xi) = V_\varepsilon^*(x, t) + \Delta_k\left\{\alpha(x)\frac{\partial V_\varepsilon^*}{\partial x} + \frac{1}{2}\beta(x)\frac{\partial^2 V_\varepsilon^*}{\partial x^2}\right\} + o(\Delta_k)$$

$$= V_\varepsilon^*(x, t) + \Delta_k \frac{\partial V_\varepsilon^*}{\partial t} - \varepsilon\Delta_k + o(\Delta_k);$$

wegen (6) ergibt das

$$V_\varepsilon^*(x, t + \Delta_k) = \int V_\varepsilon^*(\xi, t)\, dF_k(x, \xi) + \varepsilon \Delta_k + o(\Delta_k),$$

womit die Ungleichung (5) für genügend kleine Δ_k bewiesen ist.

Setzt man nun

$$V_\varepsilon^*(x, T - t_k) - U_k(x, y) = W_k(x, y),$$

so ist für genügend kleine Δ_k wegen (2) und (5) [man hat in (5) $t = T - t_{k+1}$ zu setzen]

$$W_k(x, y) > \int W_{k+1}(\xi, y)\, dF_k(x, \xi). \qquad (k = 0, 1, \ldots, n-1) \tag{7}$$

Nach der für V_ε gewählten Ranbedingung ist

$$W_n(x, y) = V_\varepsilon^*(x, 0) - U_n(x, y) \geqq 0;$$

mittels Induktion ergibt danach die Ungleichung (7)

$$W_k(x, y) \geqq 0; \qquad (k = 0, 1, 2, \ldots, n)$$

für $k = 0$ bedeutet das

$$U_0(x, y) \leqq V_\varepsilon^*(x, T) + \varepsilon T.$$

Nun machen wir in bezug auf die zugrunde gelegte Gleichung (3) die weitere Voraussetzung, daß *für jedes feste $T > 0$ die Lösung $V_\varepsilon(x, T)$ bei gegen Null abnehmendem ε gegen die durch die ursprüngliche Randbedingung ausgesonderte Lösung $V(x, T)$, und zwar gleichmäßig in bezug auf x, konvergiert.* Ist diese Forderung erfüllt, so ist selbstverständlich auch

$$\lim_{\varepsilon \to 0} V_\varepsilon^*(x, T) = V(x, T);$$

folglich wird, wenn λ eine beliebig kleine positive Zahl bedeutet, für genügend kleine Δ_k

$$U_0(x, y) < V(x, T) + \lambda;$$

und da sich offenbar auf genau analoge Weise auch die andere Ungleichung

$$U_0(x, y) > V(x, T) - \lambda$$

ergibt, so ist damit der Beweis vollendet.

5. Die Lösung $V(x, T)$ der Differentialgleichung (3) erscheint bei dieser Betrachtung als asymptotischer Ausdruck für das wahre Verteilungsgesetz. Ganz ähnlich wie im § 2 des ersten Kapitels kann man aber das gegenwärtige Problem auch direkt als einen stetigen stochastischen Prozeß auffassen. Selbstverständlich ist dabei zu erwarten, daß dieselbe Funktion $V(x, T)$ als exakte Lösung des so gefaßten Problems auftreten muß.

Bedeutet x die Abszisse des wandernden Teilchens zu irgendeiner Zeit t_0, so sei $f(x, t, y)\,dy$ die Wahrscheinlichkeit dafür, daß seine Abszisse zur Zeit $t_0 + t$ zwischen y und $y + dy$ liegt. Offenbar ist

$$f(x, t + \Delta t, y) = \int f(z, t, y)\, f(x, \Delta t, z)\, dz. \tag{8}$$

Über die Funktion $f(x, t, y)$ machen wir von vornherein folgende Annahmen: $\frac{\partial f}{\partial t}$, $\frac{\partial f}{\partial x}$ *und* $\frac{\partial^2 f}{\partial x^2}$ *seien für* $t > t_0$ *gleichmäßig stetig und beschränkt* (*t_0 bedeutet dabei eine beliebig kleine positive Zahl*); *es sei* $\int f(x, t, y)\, dy = 1$; *setzt man für* $t > 0$

$$\int (y - x) f(x, t, y)\, dy = a(x, t),$$

$$\int (y - x)^2 f(x, t, y)\, dy = b(x, t),$$

so soll gleichmäßig in bezug auf x *für* $t \to 0$

$$\frac{1}{t} a(x, t) \to \alpha(x), \qquad \frac{1}{t} b(x, t) \to \beta(x)$$

und für jedes $\varepsilon > 0$ (LINDEBERG*sche Bedingung*)

$$\frac{1}{t} \int\limits_{|y-x| > \tau} (y - x)^2 f(x, t, y)\, dy \to 0$$

sein.

Sind diese Forderungen erfüllt, so ist einerseits für unendlich kleines Δt

$$f(x, t + \Delta t, y) = f(x, t, y) + \frac{\partial f}{\partial t} \Delta t + o(\Delta t) \tag{9}$$

und andererseits

$$f(z, t, y) = f(x, t, y) + (z - x) \frac{\partial f}{\partial x} + \frac{1}{2} (z - x)^2 \frac{\partial^2 f}{\partial x^2} + \varrho(x, z, t, y),$$

$$\varrho(x, z, t, y) = \left\{\frac{\partial^2 f}{\partial x^2}\right\}_{x + \Theta(z - x),\, t,\, y} - \frac{\partial^2 f}{\partial x^2}, \qquad 0 < \Theta < 1$$

wo die nicht explizit hingeschriebenen Argumentwerte immer x, t, y sind; das ergibt

$$\int f(z, t, y) f(x, \Delta t, z)\, dz = f(x, t, y) + a(x, \Delta t) \frac{\partial f}{\partial x} + \frac{1}{2} b(x, \Delta t) \frac{\partial^2 f}{\partial x^2} + J, \tag{10}$$

$$J = \int \varrho(x, z, t, y) f(x, \Delta t, z)\, dz.$$

Hierin ist wieder $J = o(\Delta t)$, wie man leicht durch eine Zerlegung des Integrationsweges in die beiden Teile $|z - x| \leqq \tau$ und $|z - x| > \tau$ nachweist, wo τ eine beliebig kleine positive Konstante bedeutet. Demnach folgt aus (8), (9) und (10)

$$f(x, t, y) + \frac{\partial f}{\partial t} \Delta t + o(\Delta t) = f(x, t, y) + a(x, \Delta t) \frac{\partial f}{\partial x} + \frac{1}{2} b(x, \Delta t) \frac{\partial^2 f}{\partial x^2} + o(\Delta t)$$

oder im Limes

$$\frac{\partial f}{\partial t} = \alpha(x) \frac{\partial f}{\partial x} + \frac{1}{2} \beta(x) \frac{\partial^2 f}{\partial x^2}. \tag{11}$$

Die Funktion $f(x, t, y)$ genügt demnach für alle Werte von y der Differentialgleichung (11) in der ganzen Halbebene $t > 0$ *. Folglich ist auch $F(x, t, y) = \int^y f(x, t, z)\,dz$ eine Lösung dieser Gleichung; die Randbedingung, der diese Lösung entspricht, lautet offenbar

$$F(x, 0, y) = \begin{cases} 1 & \text{für} \quad x < y, \\ 0 & \text{für} \quad x \geqq y; \end{cases}$$

die Funktion $F(x, t, y)$ ist somit in der Tat mit der in **4** betrachteten Funktion $V(x, t)$ identisch, sofern nur die Gleichung (11) für die angegebene Randbedingung eindeutig lösbar ist.

Die Verallgemeinerung der Methoden und Ergebnisse dieses Paragraphen auf den mehrdimensionalen Fall liegt sehr nahe und kann deshalb dem Leser überlassen werden. Immer ergibt sich die gesuchte Verteilungsfunktion im Grenzfall als Lösung einer gewissen partiellen Differentialgleichung zweiter Ordnung vom parabolischen Typus; die Randbedingung gibt ihre Werte für $t = 0$ an.

§ 2. Zweites Diffusionsproblem; eindimensionaler Fall.

6. Die zufallsmäßig veränderliche Lage eines längs einer Geraden diffundierenden Teilchens werde wieder durch seine jeweilige Abszisse gekennzeichnet; man stelle sich vor, daß diese Abszisse in kurzen, untereinander gleichen Zeitabständen immer wieder registriert wird; die nacheinander folgenden Ergebnisse dieser Messungen seien $\mathbf{x}_1, \mathbf{x}_2, \ldots, \mathbf{x}_n, \ldots$ Wir bezeichnen mit $F(x, y)$ die Wahrscheinlichkeit dafür, daß $\mathbf{x}_{k+1} < y$ wird, falls $\mathbf{x}_k = x$ ist; diese Wahrscheinlichkeit soll demnach nur von x und y abhängen, dagegen von k (also vom Zeitpunkt) unabhängig sein. Auf der Zahlengeraden sei ein festes Intervall (a, b) $(a < b)$ markiert. Die Fragestellung, mit der wir uns in diesem Paragraphen befassen wollen, lautet nun: *Wie groß ist die Wahrscheinlichkeit $v(x_0)$ dafür, daß das wandernde Teilchen, von der Lage x_0 $(a \leqq x_0 \leqq b)$ ausgehend, einmal den Bereich $x \geqq b$ erreicht, ohne vorhin den Bereich $x \leqq a$ zu betreten?*

Wie immer ist dabei unser eigentliches Ziel, einen Grenzwertsatz über den Verlauf der gesuchten Verteilungsfunktion aufzustellen unter der Voraussetzung, daß die jeweiligen Lagenänderungen erwartungsmäßig unendlich klein ausfallen. Demgemäß wollen wir voraussetzen,

* Man könnte zeigen, daß $f(x, t, y)$, als Funktion von y aufgefaßt, einer anderen partiellen Differentialgleichung genügt; diese zweite Gleichung ist die eigentliche Fokker-Plancksche *Differentialgleichung*; die Gleichung (11) wird die zur Fokker-Planckschen *adjungierte* Gleichung, wenn man $\frac{\partial f}{\partial t}$ durch $-\frac{\partial f}{\partial t}$ ersetzt (d. h. f nach dem *Anfangspunkt* und nicht nach dem Endpunkt der Zeitstrecke t differenziert); vgl. Kolmogoroff [18].

daß die nacheinanderfolgenden Lagemessungen in gleichen, sehr kleinen Zeitintervallen der Länge λ erfolgen, und entsprechend statt $F(x, y)$ nun $F_\lambda(x, y)$ schreiben, um die Abhängigkeit dieser Verteilung von der jeweils gewählten Zeitspanne explizit zu kennzeichnen.

Wie in § 1 machen wir die Annahmen

(12) $$\int(\xi - x)\, dF_\lambda(x, \xi) = \lambda\,\alpha(x) + o(\lambda)\,,$$

(13) $$\int(\xi - x)^2 dF_\lambda(x, \xi) = \lambda\,\beta(x) + o(\lambda)\,,$$

(L) $$\int\limits_{|\xi - x| > \tau}(\xi - x)^2 dF_\lambda(x, \xi) = o(\lambda)\,;$$

dabei bezieht sich die Differentialbildung in allen Fällen auf das zweite Argument; die Abschätzungen sollen gleichmäßig in bezug auf x gelten; $\alpha(x)$ und $\beta(x)$ sind gewisse in (a, b) stetige Funktionen, und es ist daselbst $\beta(x) > 0$; endlich bedeutet τ eine beliebige positive Konstante [selbstverständlich ist (L) die bekannte LINDEBERGsche Bedingung].

Nun sei $v_\lambda(x)$ die Wahrscheinlichkeit dafür, daß der wandernde Punkt, von der Lage x ausgehend, einmal den Bereich $x \geqq b$ erreicht, ohne vorhin den Bereich $x \leqq a$ zu betreten. Unter einer gewissen weiteren Voraussetzung allgemeiner Natur über die Verteilungsfunktion $F_\lambda(x, y)$ wollen wir beweisen, daß *für* $\lambda \to 0$ *die Funktion* $v_\lambda(x)$ *gleichmäßig in* (a, b) *gegen diejenige Lösung* $v_0(x)$ *der Differentialgleichung*

(14) $$\alpha(x)\frac{dv}{dx} + \frac{1}{2}\beta(x)\frac{d^2v}{dx^2} = 0$$

konvergiert, die den Anfangsbedingungen $v_0(a) = 0$, $v_0(b) = 1$ *entspricht.*

7. Bedeutet $v_\lambda^{(n)}(x)$ die Wahrscheinlichkeit, von x ausgehend, in höchstens n Schritten den Bereich $x \geqq b$ zu erreichen, ohne vorhin den Bereich $x \leqq a$ zu betreten, so ist offenbar

$$v_\lambda^{(0)}(x) = \begin{cases} 0 & \text{für} \quad x < b\,, \\ 1 & \text{für} \quad x \geqq b\,, \end{cases}$$

und für $n > 0$

$$v_\lambda^{(n)}(x) = \begin{cases} 0 & \text{für} \quad x \leqq a\,, \\ 1 & \text{für} \quad x \geqq b\,, \\ \int v_\lambda^{(n-1)}(\xi)\, dF_\lambda(x, \xi) & \text{für} \quad a < x < b\,, \end{cases}$$

wodurch die Funktionenfolge $v_\lambda^{(n)}(x)$ $(n = 0, 1, \ldots)$ offenbar vollständig definiert erscheint; $v_\lambda(x)$ wird sinngemäß als $\lim\limits_{n \to \infty} v_\lambda^{(n)}(x)$ definiert; wegen $v_\lambda^{(n)}(x) \geqq v_\lambda^{(n-1)}(x)$ existiert offenbar der Limes und genügt den Bedingungen

$$v_\lambda(x) = \begin{cases} 0 & \text{für} \quad x \leqq a\,, \\ 1 & \text{für} \quad x \geqq b\,, \\ \int v_\lambda(\xi)\, dF_\lambda(x, \xi) & \text{für} \quad a < x < b\,. \end{cases}$$

Für die in diesem Paragraphen benutzten Methoden ist es nun von Wichtigkeit, sogleich eine gewisse Verallgemeinerung des in diesen Bedingungen enthaltenen Problems in Angriff zu nehmen; *die Funktion $u(x)$ sei für $x \leqq a$ und für $x \geqq b$ als eine beliebige beschränkte und im* Borel*schen Sinne meßbare Funktion definiert*; *es wird verlangt, ihre Werte für $a < x < b$ derart festzulegen, daß sie daselbst beschränkt bleibt und der Gleichung*

$$u(x) = \int u(\xi)\, dF_\lambda(x, \xi)$$

genügt.

Dieses Problem, daß wir kurz als Problem P bezeichnen wollen, hat gewiß eine Lösung; man kann das genau wie für den soeben behandelten Spezialfall begründen; ist nämlich μ eine untere Schranke der vorgegebenen Werte von $u(x)$ außerhalb (a, b) und setzt man

$$u_0(x) = \begin{cases} u(x) & \text{für} \quad x \leqq a \quad \text{und} \quad x \geqq b, \\ \mu & \text{für} \quad a < x < b \end{cases}$$

und für $n > 0$ allgemein

$$u_n(x) = \begin{cases} u(x) & \text{für} \quad x \leqq a \quad \text{und} \quad x \geqq b, \\ \int u_{n-1}(\xi)\, dF_\lambda(x, \xi) & \text{für} \quad a < x < b, \end{cases}$$

so folgt sofort durch Induktion

$$u_n(x) \geqq u_{n-1}(x), \qquad (n = 1, 2, \ldots)$$

und da die $u_n(x)$ offenbar gleichmäßig beschränkt bleiben, existiert $\lim\limits_{n \to \infty} u_n(x) = u(x)$ und genügt allen aufgestellten Forderungen.

Um aber die Eindeutigkeit der Lösung zu verbürgen, was für die folgenden Anwendungen von Wichtigkeit ist, muß die Verteilung $F_\lambda(x, y)$ einer weiteren Bedingung unterworfen werden, die im wesentlichen die Möglichkeit dafür auszusprechen hat, daß das Intervall $a < x < b$ vom wandernden Punkt wirklich einmal verlassen wird. Denn ist das nicht der Fall, so wird die Lösung im allgemeinen mehrdeutig; man bedenke nur, daß dann jede innerhalb (a, b) konstant verlaufende und außerhalb (a, b) die vorgegebenen Werte annehmende Funktion $u(x)$ eine Lösung des Problems liefert.

8. Wir machen nun folgende Annahme, die wir kurz als Voraussetzung A bezeichnen wollen: *es gibt zwei positive Zahlen ε_λ und η_λ, so daß für alle $x (a < x < b)$*

$$F_\lambda(x, x + \varepsilon_\lambda) < 1 - \eta_\lambda$$

ist. Mit einer Wahrscheinlichkeit $> \eta_\lambda$ ist demnach zu erwarten, daß die Abszisse des wandernden Punktes sich in einem einzelnen Schritt um mehr als ε_λ vergrößert, welches auch seine Anfangslage im Intervall $a < x < b$ sein möge.

Um zu beweisen, daß das Problem P unter dieser Voraussetzung tatsächlich eine einzige Lösung hat, betrachten wir zunächst ein spezielles, zu derselben Verteilung $F_\lambda(x, y)$ gehöriges Problem P, nämlich

$$v^*(x) = 1 \quad \text{für} \quad x \leqq a \quad \text{und} \quad x \geqq b,$$
$$v^*(x) = \int v^*(\xi)\, dF_\lambda(x, \xi) \quad \text{für} \quad a < x < b.$$

Setzt man

$$v_0^*(x) = \begin{cases} 1 & \text{für} \quad x \leqq a \quad \text{und} \quad x \geqq b, \\ 0 & \text{für} \quad a < x < b \end{cases}$$

und für $n > 0$ allgemein

$$v_n^*(x) = \begin{cases} 1 & \text{für} \quad x \leqq a \quad \text{und} \quad x \geqq b, \\ \int v_{n-1}^*(\xi)\, dF_\lambda(x, \xi) & \text{für} \quad a < x < b, \end{cases}$$

so ist, wie schon bekannt, $\lim\limits_{n\to\infty} v_n^*(x) = v^*(x)$ vorhanden und eine Lösung des betrachteten Problems P. *Ist nun die Voraussetzung A erfüllt, so wird identisch $v^*(x) = 1$.* Man ersieht das am einfachsten aus wahrscheinlichkeitstheoretischen Überlegungen. Offenbar ist $v_n^*(x)$ die Wahrscheinlichkeit dafür, daß das Teilchen, von x ausgehend, in höchstens n Schritten das Intervall (a, b) verläßt. Ist nun k eine ganze Zahl, die $\frac{b-a}{\varepsilon_\lambda}$ übertrifft, so ist nach der Voraussetzung A für alle x in (a, b)

$$v_k^*(x) > \eta_\lambda^k, \qquad 1 - v_k^*(x) < 1 - \eta_\lambda^k.$$

Nach dem Multiplikationssatz der Wahrscheinlichkeitsrechnung ist folglich die Wahrscheinlichkeit $1 - v_{sk}^*(x)$ dafür, daß das Teilchen nach sk Schritten immer noch in (a, b) verbleibt, kleiner als $(1 - \eta_\lambda^k)^s$ und konvergiert demnach gegen Null für $s \to \infty$. Folglich ist dabei $v_{sk}^*(x) \to 1$, und da $v_n^*(x)$ in bezug auf n monoton ist, so ist auch $\lim\limits_{n\to\infty} v_n^*(x) = 1$, w. z. b. w.

Setzt man $u_n^*(x) = 1 - v_n^*(x)$, $u^*(x) = 1 - v^*(x)$, so ist

$$u_0^*(x) = \begin{cases} 0 & \text{für} \quad x \leqq a \quad \text{und} \quad x \geqq b, \\ 1 & \text{für} \quad a < x < b \end{cases}$$

und für $n > 0$ allgemein

$$u_n^*(x) = \begin{cases} 0 & \text{für} \quad x \leqq a \quad \text{und} \quad x \geqq b, \\ \int u_{n-1}^*(\xi)\, dF_x(x, \xi) & \text{für} \quad a < x < b; \end{cases}$$

ferner für alle x

$$u^*(x) = \lim_{n\to\infty} u_n^*(x) = 0. \tag{15}$$

9. Nun soll ein beliebiges Problem P vorgelegt sein; die Werte von $u(x)$ außerhalb (a, b) bilden also eine beliebige beschränkte und im BORELschen Sinne meßbare Funktion. Vorhin hatten wir die Existenz einer Lösung bewiesen, indem wir, mit einer gewissen Ausgangsfunktion

$u_0(x)$ beginnend, die Methode der sukzessiven Approximationen anwandten. Jetzt können wir beweisen, daß, *falls die Voraussetzung A erfüllt ist, die Ausgangsfunktion $u_0(x, y)$ innerhalb (a, b) als eine beliebige beschränkte und im* BORELschen *Sinne meßbare Funktion gewählt werden kann, ohne daß die aus ihr nach der Methode der sukzessiven Approximationen gewonnene Lösung $u(x)$ beeinflußt wird.*

In der Tat sei $\bar{u}_0(x)$ die gewählte Ausgangsfunktion und man setze in $a < x < b$ für $n > 0$

$$\bar{u}_n(x) = \int \bar{u}_{n-1}(\xi)\, dF_\lambda(x, \xi);$$

außerhalb (a, b) sei $\bar{u}_n(x) = u(x)$ für alle $n \geqq 0$. Ferner sei

$$v_n(x) = \bar{u}_n(x) - u_n(x);$$

dann wird außerhalb (a, b)

$$v_n(x) = 0 \qquad (n \geqq 0)$$

und für $n > 0$

$$v_n(x) = \int v_{n-1}(\xi)\, dF_\lambda(x, \xi). \qquad (a < x < b)$$

Bedeutet nun M eine obere Schranke von $|v_0(x)|$, so ist offenbar überall

$$|v_0(x)| \leqq M u_0^*(x),$$

und demnach ergibt die sowohl für $u_n^*(x)$ als auch für $v_n(x)$ geltende rekurrente Definitionsformel

$$|v_n(x)| \leqq M u_n^*(x), \qquad (n = 0, 1, 2, \ldots)$$

was wegen (15) zu

$$\lim_{n \to \infty} v_n(x) = 0$$

oder

$$\lim_{n \to \infty} \bar{u}_n(x) = \lim_{n \to \infty} u_n(x) = u(x)$$

führt, w. z. b. w.

Daraus folgt nun unmittelbar die Eindeutigkeit der Lösung für das behandelte Problem P. Denn eine zweite evtl. vorhandene Lösung müßte nach dem Bewiesenen bei unbeschränkter Anwendung der rekurrenten Integraltransformation gegen $u(x)$ konvergieren, während sie doch andererseits gegenüber dieser Transformation invariant bleiben soll.

Für eine der Voraussetzung A genügende Verteilung $F_\lambda(x, y)$ hat somit das Problem P immer eine einzige Lösung, und diese kann mittels sukzessiver Approximationen gewonnen werden, indem als Ausgangsfunktion eine beliebige in $a < x < b$ beschränkte und im BORELschen *Sinne meßbare Funktion gewählt wird.*

10. Wir wenden uns jetzt zum Beweise des in **6** angekündigten Grenzwertsatzes. Wollen wir die beiden daselbst definierten Funktionen

$v_\lambda(x)$ und $v_0(x)$ miteinander vergleichen, so müssen wir zunächst die Gleichung (14) durch die andere

$$\varepsilon + \alpha(x)\frac{dv}{dx} + \frac{1}{2}\beta(x)\frac{d^2v}{dx^2} = 0 \tag{16}$$

ersetzen, worin ε eine beliebig klein, aber fest gewählte positive Zahl bedeutet.

Es sei $v_\varepsilon(x)$ die durch die Randbedingungen $v_\varepsilon(a) = 0$, $v_\varepsilon(b) = 1$ ausgesonderte, innerhalb (a, b) geltende Lösung der Gleichung (16). Man wähle eine später näher zu bestimmende positive Zahl $\delta < \frac{b-a}{2}$ und setze

$$a' = a + \delta, \quad a'' = a - \delta^3,$$
$$b' = b - \delta, \quad b'' = b + \delta^3;$$

offenbar ist $a'' < a < a' < b' < b < b''$. Jedem Punkt x der Strecke (a, b) sei nun eineindeutig ein Punkt x' der erweiterten Strecke (a'', b'') zugeordnet durch folgende Transformationsregel:

$$x' = x \quad \text{für} \quad a' \leqq x \leqq b';$$
$$x' = x + (x - b')^3 \quad \text{für} \quad b' \leqq x \leqq b;$$
$$x' = x - (a' - x)^3 \quad \text{für} \quad a \leqq x \leqq a'.$$

Setzt man

$$v_{\varepsilon,\delta}(x') = v_\varepsilon(x),$$

so ist die Funktion $v_{\varepsilon,\delta}(x)$ für $a'' \leqq x \leqq b''$ definiert; und da die gewählte Transformation eine stetige Ableitung zweiter Ordnung besitzt, so gilt dasselbe auch für $v_{\varepsilon,\delta}(x)$ in (a'', b''); ferner kann aus demselben Grunde offenbar δ so klein gewählt werden, daß für $a \leqq x \leqq b$

$$\left|\varepsilon + \alpha(x)\frac{dv_{\varepsilon,\delta}}{dx} + \frac{1}{2}\beta(x)\frac{d^2v_{\varepsilon,\delta}}{dx^2}\right| < \frac{\varepsilon}{2} \tag{17}$$

ausfällt.

Endlich sei $\tau = \tau(\varepsilon, \delta)$ die obere Schranke von $|v_\lambda(x) - v_{\varepsilon,\delta}(x)|$ in den beiden Strecken $a'' \leqq x \leqq a$ und $b \leqq x \leqq b''$, und man setze

$$v^*_{\varepsilon,\delta}(x) = \begin{cases} v_{\varepsilon,\delta}(x) + \tau & \text{für} \quad a'' \leqq x \leqq b'', \\ 1 & \text{für} \quad x > b'', \\ 0 & \text{für} \quad x < a''. \end{cases}$$

Wir wollen beweisen, daß für genügend kleine δ und λ

$$v^*_{\varepsilon,\delta}(x) > \int v^*_{\varepsilon,\delta}(\xi)\, dF_\lambda(x, \xi) \qquad (a \leqq x \leqq b) \tag{18}$$

ist.

Setzt man für $a \leqq x \leqq b$

$$J_1 = \int\limits_{x-\delta^3}^{x+\delta^3} v^*_{\varepsilon,\delta}(\xi)\, dF_\lambda(x, \xi), \qquad J_2 = \int\limits_{|\xi - x| > \delta^3} v^*_{\varepsilon,\delta}(\xi)\, dF_\lambda(x, \xi)$$

und bezeichnet mit M eine obere Schranke von $|v^*_{\varepsilon,\delta}(x)|$ auf der ganzen Zahlengeraden, so wird zunächst nach (L)

$$(19)\qquad |J_2| < M \int\limits_{|\xi - x| > \delta^3} dF_\lambda(x,\xi) \leqq \frac{M}{\delta^6} \int\limits_{|\xi - x| > \delta^3} (\xi - x)^2 dF_\lambda(x,\xi) = o(\lambda).$$

In J_1 hat aber wegen $a'' \leqq \xi \leqq b''$ $v^*_{\varepsilon,\delta}(\xi)$ eine stetige Ableitung zweiter Ordnung, und folglich ist daselbst

$$v^*_{\varepsilon,\delta}(\xi) = v^*_{\varepsilon,\delta}(x) + (\xi - x)\frac{dv^*_{\varepsilon,\delta}}{dx} + \frac{1}{2}(\xi - x)^2\left[\frac{d^2v^*_{\varepsilon,\delta}}{dx^2} + \varrho(x,\xi)\right],$$

$$\varrho(x,\xi) = \left\{\frac{d^2v^*_{\varepsilon,\delta}}{dx^2}\right\}_{x+\Theta(\xi-x)} - \frac{d^2v^*_{\varepsilon,\delta}}{dx^2}, \qquad 0 < \Theta < 1$$

wo der nicht explizit angegebene Argumentwert überall x ist. Deswegen wird

$$(20)\qquad J_1 = v^*_{\varepsilon,\delta}(x)\int\limits_{x-\delta^3}^{x+\delta^3} dF_\lambda(x,\xi) + \frac{dv^*_{\varepsilon,\delta}}{dx}\int\limits_{x-\delta^3}^{x+\delta^3}(\xi - x)\,dF_\lambda(x,\xi)$$

$$+ \frac{1}{2}\frac{d^2v^*_{\varepsilon,\delta}}{dx^2}\int\limits_{x-\delta^3}^{x+\delta^3}(\xi - x)^2 dF_\lambda(x,\xi) + J^*,$$

$$J^* = \frac{1}{2}\int\limits_{x-\delta^3}^{x+\delta^3}(\xi - x)^2\varrho(x,\xi)\,dF_\lambda(x,\xi).$$

Für genügend kleines δ ist aber offenbar in $x - \delta^3 \leqq \xi \leqq x + \delta^3$

$$|\varrho(x,\xi)| < \frac{\varepsilon}{2\beta},$$

wo β die obere Schranke von $\beta(x)$ in (a, b) bedeutet. Folglich erhält man wegen (13)

$$J^* < \frac{\varepsilon}{4\beta}\int\limits_{x-\delta^3}^{x+\delta^3}(\xi - x)^2 dF_\lambda(x,\xi) \leqq \frac{\varepsilon}{4\beta}\int(\xi - x)^2 dF_\lambda(x,\xi)$$

$$= \frac{\varepsilon}{4}\frac{\beta(x)}{\beta}\lambda + o(\lambda) \leqq \frac{\varepsilon}{4}\lambda + o(\lambda).$$

Ferner unterscheiden sich die drei in (20) auftretenden Integrale wegen (L) offenbar nur um Größen der Form $o(\lambda)$ von den entsprechenden über die ganze Zahlengerade erstreckten Integralen; für das dritte Integral leuchtet das unmittelbar ein, für das erste haben wir es schon bei der Abschätzung von J_2 bewiesen, und für das zweite folgt es wegen (L) aus

$$\left|\int\limits_{|\xi - x| > \delta^3}(\xi - x)\,dF_\lambda(x,\xi)\right| \leqq \frac{1}{\delta^3}\int\limits_{|\xi - x| > \delta^3}(\xi - x)^2 dF_\lambda(x,\xi).$$

Wegen (20), (12) und (13) erhalten wir danach

$$J_1 < v^*_{\varepsilon,\delta}(x) + \lambda\left\{\alpha(x)\frac{dv^*_{\varepsilon,\delta}}{dx} + \frac{1}{2}\beta(x)\frac{d^2v^*_{\varepsilon,\delta}}{dx^2} + \frac{\varepsilon}{4}\right\} + o(\lambda),$$

und da sich $v^*_{\varepsilon,\delta}(x)$ in (a'', b'') nur um eine Konstante von $v_{\varepsilon,\delta}(x)$ unterscheidet, folgt daraus wegen (17)

$$J_1 < v^*_{\varepsilon,\delta}(x) - \frac{\varepsilon}{4}\lambda + o(\lambda);$$

das ergibt wegen (19)

$$\int v^*_{\varepsilon,\delta}(\xi)\, dF_\lambda(x,\xi) < v^*_{\varepsilon,\delta}(x) - \frac{\varepsilon}{4}\lambda + o(\lambda)$$

und folglich für genügend kleine δ und λ und für $a \leqq x \leqq b$

$$\int v^*_{\varepsilon,\delta}(\xi)\, dF_\lambda(x,\xi) < v^*_{\varepsilon,\delta}(x),$$

w. z. b. w.

11. Nun läßt sich der Beweis des Grenzwertsatzes unter der Voraussetzung A leicht zu Ende führen. Zunächst wollen wir feststellen, daß für genügend kleine δ und λ überall

(21) $$v_\lambda(x) \leqq v^*_{\varepsilon,\delta}(x)$$

ist. Außerhalb (a, b) folgt diese Ungleichung unmittelbar aus der Definition von $v^*_{\varepsilon,\delta}(x)$. Man betrachte nun das Problem P, welches durch die Werte von $v^*_{\varepsilon,\delta}(x)$ außerhalb (a, b) definiert ist und bezeichne für einen Augenblick mit $w(x)$ seine wegen der Voraussetzung A eindeutige Lösung; dann ist überall $w(x) \geqq v_\lambda(x)$; denn außerhalb (a, b) gilt diese Ungleichung nach der Definition von $w(x)$; löst man aber die beiden durch $w(x)$ bzw. $v_\lambda(x)$ außerhalb (a, b) definierten Probleme P nach der Methode der sukzessiven Approximationen, so können, wie schon bekannt, die Ausgangsfunktionen $w^{(0)}(x)$ bzw. $v_\lambda^{(0)}(x)$ derart gewählt werden, daß $w^{(0)}(x) \geqq v_\lambda^{(0)}(x)$ überall erfüllt ist. Die Rekurrenzbeziehung ergibt dann für alle $n \geqq 0$ und $a < x < b$ $w^{(n)}(x) \geqq v_\lambda^{(n)}(x)$ und folglich im Limes für $n \to \infty$

(22) $$w(x) \geqq v_\lambda(x),$$

wie behauptet. Andererseits gilt aber auch überall $v^*_{\varepsilon,\delta}(x) \geqq w(x)$; denn zunächst kann $w^{(0)}(x)$ so gewählt werden, daß überall $w^{(0)}(x) \leqq v^*_{\varepsilon,\delta}(x)$ ist; und dann ergibt die Rekurrenzrelation wegen der Ungleichung (18) für alle $n \geqq 0$ $w^{(n)}(x) \leqq v^*_{\varepsilon,\delta}(x)$ und folglich im Limes

(23) $$w(x) \leqq v^*_{\varepsilon,\delta}(x),$$

wie behauptet; aus (22) und (23) folgt die zu beweisende Ungleichung (21).

Nun erinnere man sich, daß in (a'', a) bzw. (b, b'') $v_\lambda(x) = 0$ bzw. $= 1$ ist; andererseits ist $v_\varepsilon(a) = 0$, $v_\varepsilon(b) = 1$, und $v_\varepsilon(x)$ ist in (a, b) stetig; aus der Definition von $v_{\varepsilon,\delta}(x)$ ergibt sich danach, daß bei genügend kleinem δ die Differenz $|v_\lambda(x) - v_{\varepsilon,\gamma}(x)|$ auf den Strecken (a'', a) und (b, b'') und damit die in **10** definierte Zahl τ beliebig klein wird; das hat aber zur Folge, daß innerhalb (a, b) $|v^*_{\varepsilon,\delta}(x) - v_\varepsilon(x)|$ beliebig klein ist; und da für genügend kleines ε die Funktion $v_\varepsilon(x)$ sich ihrerseits beliebig wenig von $v_0(x)$ unterscheidet, so hat man wegen (21), wie klein auch $\sigma > 0$ gewählt sein mag, für genügend kleines λ

$$v_\lambda(x) < v_0(x) + \sigma. \qquad (a < x < b)$$

Evidenterweise kann aber mittels einer vollständig analogen Schlußweise auch die Ungleichung

$$v_\lambda(x) > v_0(x) - \sigma \qquad (a < x < b)$$

bewiesen werden, womit der Grenzwertsatz endgültig festgestellt ist.

12. Einen altbekannten elementaren Spezialfall des betrachteten Diffusionsproblems bildet das sog. Problem des Ruins eines Spielers. Zwei Spieler, deren Anfangsvermögen etwa α und β betragen mögen, spielen eine Reihe von Partien gegeneinander; in jeder Partie gewinnt oder verliert jeder von ihnen eine bestimmte Geldsumme μ, wobei jede der beiden Möglichkeiten die Wahrscheinlichkeit $\frac{1}{2}$ hat. Gefragt wird nach der Wahrscheinlichkeit dafür, daß z. B. der erste Spieler einmal ruiniert wird. Bezeichnet man mit $\mathbf{x}_n$ das Vermögen des zweiten Spielers nach Beendigung von n Partien, so ist der erste Spieler ruiniert, wenn $\mathbf{x}_n \geqq \alpha + \beta$ wird; der Ruin des zweiten wird hingegen durch $\mathbf{x}_n \leqq 0$ gekennzeichnet. Die Verteilung $F_\lambda(x, \xi)$ lautet offenbar in diesem Fall

$$F_\lambda(x, \xi) = \begin{cases} 0 & \text{für} \quad \xi \leqq x - \mu, \\ \frac{1}{2} & \text{für} \quad x - \mu < \xi \leqq x + \mu, \\ 1 & \text{für} \quad \xi > x + \mu. \end{cases}$$

Somit ist

$$\int (\xi - x)\, dF_\lambda(x, \xi) = 0,$$
$$\int (\xi - x)^2 dF_\lambda(x, \xi) = \mu^2;$$

setzt man $\lambda = \mu^2$, so gelten die Formeln (12) und (13) mit $\alpha(x) = 0$, $\beta(x) = 1$, und offensichtlich ist auch die LINDEBERGsche Bedingung (L) erfüllt. Für $\mu \to 0$ konvergiert folglich die gesuchte Wahrscheinlichkeit gegen die durch die Randbedingung $v(0) = 0$, $v(\alpha + \beta) = 1$ ausgesonderte Lösung $v(x)$ der Gleichung

$$\frac{d^2 v}{d x^2} = 0.$$

Somit ist

$$v(x) = \frac{x}{\alpha + \beta},$$

und insbesondere

$$v(\beta) = \frac{\beta}{\alpha + \beta}.$$

§ 3. Zweidimensionaler Fall.

13. Auf der xy-Ebene sei ein festes einfach zusammenhängendes, ganz im Endlichen gelegenes und von einer stetig gekrümmten geschlossenen Kurve C begrenztes Gebiet G gegeben. Ein punktförmig gedachtes Teilchen bewege sich zufallsmäßig in Schritten, von einem bestimmten Punkte (x, y) des Gebietes G ausgehend. Das Äußere von G sei in zwei Teile U' und U'' geteilt; C' bzw. C'' seien die zu U' bzw.

U'' gehörigen komplementären Teile von C; wir setzen voraus, daß C' und C'' aus je einer endlichen Anzahl von Kurvenbogen bestehen; ferner soll die gegenseitige Begrenzung der Bereiche U' und U'' aus einer endlichen Anzahl von stetigen Kurven bestehen, die keine gemeinsamen Kurvenstücke mit C haben sollen. Die Wahrscheinlichkeitsverteilung der Lagenänderung des wandernden Teilchens, die einem einzelnen Schritt entspricht und im allgemeinen von der Lage des Teilchens zu Beginn dieses Schrittes abhängt, sei vorgegeben. Gefragt wird nach der Wahrscheinlichkeit dafür, daß das Teilchen einmal den Bereich U' erreicht, ohne vorhin den Bereich U'' zu betreten; im Grunde beschäftigt uns dabei wieder der Grenzwert dieser Wahrscheinlichkeit unter der Voraussetzung, daß die dem einzelnen Schritt entsprechende Lagenänderung erwartungsmäßig unendlich klein wird.

$F_\lambda(a, b; a', b')$ bedeute die (in einer später näher zu definierenden Weise vom Parameter λ abhängende) Wahrscheinlichkeit dafür, daß das diffundierende Teilchen, dessen Anfangslage zu Beginn eines Schrittes (a, b) war, sich nach Vollendung des Schrittes im Gebiet $x < a'$, $y < b'$ befindet. Unter $d_2 F_\lambda(a, b; a', b')$ ist im folgenden immer das zweite STIELTJESsche Differential dieser Funktion *in bezug auf das zweite Argumentenpaar* zu verstehen. Der Parameter λ soll wieder die „Größe der Schritte" kennzeichnen; in präziser Weise machen wir die Voraussetzungen:

$$(24)\quad \begin{cases} \iint (\xi - x)\, d_2 F_\lambda(x, y; \xi, \eta) = \lambda\, \alpha_1(x, y) + o(\lambda), \\ \iint (\eta - y)\, d_2 F_\lambda(x, y; \xi, \eta) = \lambda\, \alpha_2(x, y) + o(\lambda), \\ \iint (\xi - x)^2\, d_2 F_\lambda(x, y; \xi, \eta) = \lambda\, \beta_{11}(x, y) + o(\lambda), \\ \iint (\eta - y)^2\, d_2 F_\lambda(x, y; \xi, \eta) = \lambda\, \beta_{22}(x, y) + o(\lambda), \\ \iint (\xi - x)(\eta - y)\, d_2 F_\lambda(x, y; \xi, \eta) = \lambda\, \beta_{12}(x, y) + o(\lambda), \end{cases}$$

$$(\mathrm{L})\quad \iint\limits_{E - K_{xy}} [(\xi - x)^2 + (\eta - y)^2]\, d_2 F_\lambda(x, y; \xi, \eta) = o(\lambda).$$

Hierin gelten alle Abschätzungen gleichmäßig in G; $\alpha_1(x, y)$, $\alpha_2(x, y)$, $\beta_{11}(x, y)$, $\beta_{22}(x, y)$, $\beta_{12}(x, y)$ sind gewisse samt ihren ersten und zweiten Ableitungen auf $G + C$ stetige Funktionen, und K_{xy} bedeutet einen Kreis um (x, y), dessen Radius beliebig klein, aber von x, y und λ unabhängig gewählt sein darf. Nach der SCHWARZschen Ungleichung ist

$$\beta_{11}\beta_{22} - \beta_{12}^2 \geqq 0;$$

darüber hinaus wollen wir voraussetzen, daß überall in $G + C$

$$\beta_{11}\beta_{22} - \beta_{12}^2 > 0$$

ist; diese sehr wichtige Einschränkung soll bedeuten, daß wir uns in dem vorliegenden Paragraphen ausschließlich mit dem Fall der „elliptischen" Irrfahrt befassen wollen; im nächsten Kapitel werden wir ausführlich einen Spezialfall der „parabolischen“ Diffusion zu besprechen haben, und wir werden sehen, daß die Ergebnisse in den beiden Fällen wesentlich verschieden ausfallen; die Terminologie wird durch den engen Zusammenhang der Fragestellungen mit gewissen partiellen Differentialgleichungen gerechtfertigt, auf den wir sogleich zu sprechen kommen.

Selbstverständlich ist (L) eine der vorliegenden Fragestellung angepaßte Form der LINDEBERGschen Bedingung.

Bedeutet nun $v_\lambda(x, y)$ die gesuchte Wahrscheinlichkeit dafür, daß das wandernde Teilchen, von der Lage (x, y) ausgehend, einmal den Bereich U' erreicht, und zwar ohne vorhin den Bereich U'' zu betreten, so wollen wir unter einer gewissen weiteren Voraussetzung über die Verteilung F_λ beweisen, daß *$v_\lambda(x, y)$ sich innerhalb G für $\lambda \to 0$ unbeschränkt der durch die Randbedingungen*

$$v_0(x, y) = \begin{cases} 1 & \text{auf } C', \\ 0 & \text{auf } C'' \end{cases}$$

ausgesonderten Lösung $v_0(x, y)$ der Differentialgleichung

$$\frac{1}{2}\beta_{11}\frac{\partial^2 v}{\partial x^2} + \beta_{12}\frac{\partial^2 v}{\partial x\,\partial y} + \frac{1}{2}\beta_{22}\frac{\partial^2 v}{\partial y^2} + \alpha_1\frac{\partial v}{\partial x} + \alpha_2\frac{\partial v}{\partial y} = 0 \tag{26}$$

nähert.

Der Beweis verläuft demjenigen für den eindimensionalen Fall (§ 2 dieses Kapitels) vollständig parallel; die Unterschiede betreffen nur gewisse hier neu hervortretende Schwierigkeiten nebensächlicher Natur, denen keine grundsätzliche Bedeutung zukommt, so daß es wohl angemessen erscheint, die Beweisführung ganz kurz zu halten.

Der soeben formulierte Satz war, nachdem LÜNEBURG [26] einige Spezialfälle betrachtet hat, in dieser (und noch größerer) Allgemeinheit und mittels der hier dargelegten Methode zum ersten Male von PETROWSKY [30] bewiesen.

14. Die gesuchte Funktion $v_\lambda(x, y)$ genügt offenbar den Bedingungen

$$v_\lambda(x, y) = \begin{cases} 1 & \text{in } U', \\ 0 & \text{in } U'', \\ \iint v_\lambda(\xi, \eta)\, d_2F_\lambda(x, y; \xi, \eta) & \text{in } G; \end{cases}$$

sie kann durch sukzessive Approximationen als $\lim\limits_{n\to\infty} v_\lambda^{(n)}(x, y)$ gewonnen werden, wo $v_\lambda^{(n)}(x, y)$ durch die Festsetzungen

$$v_\lambda^{(0)}(x, y) = \begin{cases} 1 & \text{in } U', \\ 0 & \text{in } U'' \text{ und } G \end{cases}$$

und für $n > 0$

$$v_\lambda^{(n)}(x, y) = \begin{cases} 1 & \text{in } U', \\ 0 & \text{in } U'', \\ \iint v_\lambda^{(n-1)}(\xi, \eta)\, d_2F_\lambda(x, y; \xi, \eta) & \text{in } G \end{cases}$$

in rekurrenter Weise definiert ist; offenbar bedeutet $v_\lambda^{(n)}(x, y)$ die Wahrscheinlichkeit dafür, daß der wandernde Punkt, von der Lage (x, y) ausgehend, *in höchstens n Schritten* den Bereich U' erreicht, ohne vorhin den Bereich U'' zu betreten.

Als Verallgemeinerung dieses Sachverhalts erscheint hier das zweidimensionale Problem P: *Auf $U' + U''$ ist eine beliebige beschränkte und im* BOREL*schen Sinne meßbare Funktion $u(x, y)$ vorgegeben; es wird verlangt, ihre Werte in G derart festzulegen, daß sie daselbst beschränkt bleibt und der Integralgleichung*

$$u(x, y) = \int\int u(\xi, \eta)\, d_2 F_\lambda(x, y; \xi, \eta)$$

genügt.

Daß dieses Problem in allen Fällen eine Lösung hat, ergibt sich wie vorhin nach der Methode der sukzessiven Approximationen, indem man als Ausgangsfunktion $u_\lambda^{(0)}(x, y)$ die Konstante μ — untere Schranke von $u(x, y)$ auf $U' + U''$ — wählt. Für die Eindeutigkeit der Lösung ist aber auch hier wie im eindimensionalen Fall eine weitere Bedingung erforderlich, die auch diesmal als Voraussetzung A bezeichnet werden soll und deren Wortlaut der folgende ist: *Es gibt zwei positive Zahlen ε_λ und η_λ von der Beschaffenheit, daß für jeden Punkt (x, y) von G*

$$F_\lambda(x, y; x + \varepsilon_\lambda, \infty) < 1 - \eta_\lambda$$

ist[1]. Man überzeugt sich ganz wie in § 2, daß unter dieser Voraussetzung die Wahrscheinlichkeit dafür, daß das Teilchen tatsächlich einmal das Gebiet G verlassen wird, gleich Eins ausfällt; und dies hat seinerseits zur Folge, daß das betreffende Problem P, wie auch die Werte von $u(x, y)$ außerhalb G vorgegeben sein mögen, nur eine einzige Lösung haben kann; der Beweis verläuft demjenigen für den eindimensionalen Fall (vgl. **9**) vollständig analog und kann deswegen dem Leser überlassen werden.

15. Wir bezeichnen der Kürze halber mit $Q(v)$ die linke Seite der Gleichung (26) und betrachten daneben die andere Gleichung

$$Q(v) + \varepsilon = 0\,, \tag{27}$$

worin ε eine beliebige feste positive Zahl bedeutet. Es sei $u(x, y)$ eine außerhalb G definierte *stetige* und beschränkte Funktion, und $v_\varepsilon(x, y)$ bedeute diejenige innerhalb G geltende Lösung der Gleichung (27), die auf C mit $u(x, y)$ zusammenfällt.

Man ziehe durch jeden Punkt von C die Normale zu dieser Kurve und lege auf derselben eine konstante Strecke δ gegen das Innere von G ab; wegen der vorausgesetzten stetigen Krümmung von C werden sich die abgelegten Strecken bei genügend kleinem δ nicht miteinander

[1] Selbstverständlich könnte statt der gewählten x-Richtung auch eine beliebige andere ausgezeichnet werden; wegen der vorausgesetzten Endlichkeit von G sind ja alle Richtungen in dem benötigten Sinne gleichberechtigt.

schneiden, so daß ihre Enden eine stetige geschlossene Kurve bilden, die vollständig innerhalb G verläuft und daselbst ein gewisses Teilgebiet G' von G begrenzt. Jedem Punkt (x, y) von G wollen wir einen Punkt (x', y') mittels folgender Transformationsregel zuordnen: Ist $(x, y) \subset G'$, so sei $x' = x$, $y' = y$; ist aber $(x, y) \subset G - G'$ und ist r der Abstand des Punktes (x, y) von G' längs der durch diesen Punkt gehenden Normalen zu C gerechnet, so soll (x', y') auf derselben Normalen im Abstand $r + r^3$ von G' liegen. Offenbar erfüllen die Punkte (x', y') ein Gebiet G'', das G in seinem Inneren enthält, und die beschriebene Abbildung von G auf G'' ist bei genügend kleinem δ eineindeutig. Setzt man

$$v_{\varepsilon,\delta}(x', y') = v_\varepsilon(x, y),$$

so ist die Funktion $v_{\varepsilon,\delta}(x, y)$ in allen Punkten von G'' definiert und hat daselbst stetige Ableitungen bis zur zweiten Ordnung einschließlich; und für genügend kleines δ ist in G offenbar

$$(28) \qquad |Q(v_{\varepsilon,\delta}) + \varepsilon| < \frac{\varepsilon}{2}.$$

Endlich sei $\tau = \tau(\varepsilon, \delta)$ die obere Schranke von $|u(x, y) - v_{\varepsilon,\delta}(x, y)|$ in $G'' - G$, und man setze

$$v^*_{\varepsilon,\delta}(x, y) = \begin{cases} v_{\varepsilon,\delta}(x, y) + \tau & \text{in } G'', \\ u(x, y) & \text{außerhalb } G''. \end{cases}$$

16. Nun soll gezeigt werden, daß für genügend kleine δ und λ in $G + C$

$$(29) \qquad v^*_{\varepsilon,\delta}(x, y) > \int\int v^*_{\varepsilon,\delta}(\xi, \eta)\, d_2 F_\lambda(x, y; \xi, \eta)$$

ist.

Bezeichnet man mit K_{xy} den Kreis

$$(\xi - x)^2 + (\eta - y)^2 = \delta^6$$

und setzt

$$J_1 = \iint\limits_{K_{xy}} v^*_{\varepsilon,\delta}(\xi, \eta)\, d_2 F_\lambda(x, y; \xi, \eta),$$

$$J_2 = \iint\limits_{E - K_{xy}} v^*_{\varepsilon,\delta}(\xi, \eta)\, d_2 F_\lambda(x, y; \xi, \eta),$$

so ist zunächst, wenn M eine obere Schranke von $|v^*_{\varepsilon,\delta}(x, y)|$ in der ganzen Ebene E bedeutet, wegen (L) für $\lambda \to 0$

$$(30) \qquad \begin{cases} |J_2| \leqq M \iint\limits_{E - K_{xy}} d_2 F_\lambda(x, y; \xi, \eta) \\ \leqq \frac{M}{\delta^6} \iint\limits_{E - K_{xy}} [(\xi - x)^2 + (\eta - y)^2]\, d_2 F_\lambda(x, y; \xi, \eta) = o(\lambda). \end{cases}$$

Was nun J_1 anbetrifft, so ist der Integrationsbereich vor allem in G'' enthalten; die Funktion $v^*_{\varepsilon,\delta}(\xi,\eta)$ hat folglich überall in diesem Bereich stetige Ableitungen zweiter Ordnung, und folglich ist daselbst[1]

$$v^*_{\varepsilon,\delta}(\xi,\eta) = v^*_{\varepsilon,\delta}(x,y) + (\xi - x)\frac{\partial v^*_{\varepsilon,\delta}}{\partial x} + (\eta - y)\frac{\partial v^*_{\varepsilon,\delta}}{\partial y}$$
$$+ \frac{1}{2}\left\{(\xi - x)^2\frac{\partial^2 v^*_{\varepsilon,\delta}}{\partial x^2} + 2(\xi - x)(\eta - y)\frac{\partial^2 v_{\varepsilon,\delta}}{\partial x\,\partial y} + (\eta - y)^2\frac{\partial^2 v_{\varepsilon,\delta}}{\partial y^2}\right\}$$
$$+ \{(\xi - x)^2 + (\eta - y)^2\}\,\varrho(x,y;\xi,\eta),$$

wo $|\varrho(x,y;\xi,\eta)|$ für genügend kleines δ gleichmäßig in K_{xy} beliebig klein wird.

Deswegen wird für genügend kleines δ

$$(31)\left\{\begin{aligned} J_1 &= v^*_{\varepsilon,\delta}(x,y)\iint\limits_{K_{xy}} d_2F_\lambda(x,y;\xi,\eta) + \frac{\partial v^*_{\varepsilon,\delta}}{\partial x}\iint\limits_{K_{xy}}(\xi - x)\,d_2F_\lambda(x,y;\xi,\eta)\\ &+ \frac{\partial v^*_{\varepsilon,\delta}}{\partial y}\iint\limits_{K_{xy}}(\eta - y)\,d_2F_\lambda(x,y;\xi,\eta) + \frac{1}{2}\frac{\partial^2 v^*_{\varepsilon,\delta}}{\partial x^2}\iint\limits_{K_{xy}}(\xi - x)^2 d_2F_\lambda(x,y;\xi,\eta)\\ &+ \frac{\partial^2 v^*_{\varepsilon,\delta}}{\partial x\,\partial y}\iint\limits_{K_{xy}}(\xi - x)(\eta - y)\,d_2F_\lambda)x,y;\xi,\eta)\\ &+ \frac{1}{2}\frac{\partial^2 v^*_{\varepsilon,\delta}}{\partial y^2}\iint(\eta - y)^2 d_2F_\lambda(x,y;\xi,\eta) + J^*,\end{aligned}\right.$$

$$J^* = \iint\limits_{K_{xy}}\{(\xi - x)^2 + (\eta - y)^2\}\,\varrho(x,y;\xi,\eta)\,d_2F_\lambda(x,y;\xi,\eta);$$

für genügend kleines δ ist nach dem soeben bemerkten Verhalten von $\varrho(x,y;\xi,\eta)$ und wegen (24)

$$|J^*| < \frac{\varepsilon}{4}\lambda.$$

Und wie in **10** zeigt man auch hier leicht, daß wegen (L) die sechs rechts in (31) stehenden Integrale sich von den entsprechenden über die ganze Ebene E erstreckten Integrale nur um Größen der Form $o(\lambda)$ unterscheiden; folglich erhält man

$$J_1 < v^*_{\varepsilon,\delta}(x,y) + \left[Q(v_{\varepsilon,\delta}) + \frac{\varepsilon}{4}\right]\lambda + o(\lambda);$$

wegen (28) ergibt das

$$(32)\qquad J_1 < v^*_{\varepsilon,\delta}(x,y) - \frac{\varepsilon}{4}\lambda + o(\lambda).$$

(30) und (32) zeigen, daß für genügend kleine δ und λ überall in $G + C$

$$J_1 + J_2 = \iint v^*_{\varepsilon,\delta}(\xi,\eta)\,d_2F_\lambda(x,y;\xi,\eta) < v^*_{\varepsilon,\delta}(x,y)$$

wird, w. z. b. w.

[1] Die nicht explizit angegebenen Argumentwerte sind hier wie immer x, y.

17. Die zu Beginn von **15** außerhalb G gewählte stetige Funktion $u(x, y)$ definiert ein Problem P, dessen wegen der Voraussetzung A eindeutige Lösung in der ganzen Ebene mit $u_\lambda(x, y)$ bezeichnet sein soll. Für genügend kleine δ und λ ist nun überall

$$u_\lambda(x, y) \leqq v^*_{\varepsilon, \delta}(x, y);$$

dies kann genau wie die analoge Ungleichung (21) in **11** gezeigt werden, indem man die Lösung $w(x, y)$ des Problems P heranzieht, das durch die Werte von $v^*_{\varepsilon, \delta}(x, y)$ außerhalb G vorgelegt wird, und dann einerseits

$$u_\lambda(x, y) \leqq w(x, y)$$

und andererseits

$$w(x, y) \leqq v^*_{\varepsilon, \delta}(x, y)$$

für alle x, y beweist.

Ist nun δ genügend klein, so unterscheidet sich, wie man unmittelbar einsieht, $v^*_{\varepsilon, \delta}(x, y)$ in G beliebig wenig von der am Anfang von **15** definierten Funktion $v_\varepsilon(x, y)$; aus allgemeinen Eigenschaften der linearen partiellen Differentialgleichungen von elliptischem Typus folgt aber andererseits[1], daß für genügend kleines ε diese Funktion $v_\varepsilon(x, y)$ sich in G beliebig wenig von der durch die Randbedingung

$$u_0(x, y) = u(x, y) \quad \text{auf} \quad C \tag{33}$$

festgelegten Lösung der Gleichung $Q(v) = 0$ unterscheidet.

Es ist folglich, wenn σ eine beliebig kleine positive Zahl bedeutet, innerhalb G

$$u_\lambda(x, y) < u_0(x, y) + \sigma,$$

wenn nur λ hinreichend klein wird; und da auf eine ähnliche Weise offenbar auch

$$u_\lambda(x, y) > u_0(x, y) - \sigma$$

für hinreichend kleine λ festgestellt werden kann, so ist damit folgender allgemeiner Satz bewiesen: *Erfüllt die Verteilung $F_\lambda(x, y; \xi, \eta)$ die Bedingungen* (24) *und* (L) *und die Voraussetzung A, und ist $u_\lambda(x, y)$ die [außerhalb G als eine stetige Funktion $u(x, y)$ vorgegebene] Lösung des zugehörigen Problems P, so ist innerhalb G für $\lambda \to 0$*

$$u_\lambda(x, y) \to u_0(x, y),$$

wo $u_0(x, y)$ die durch die Randbedingung (33) *ausgesonderte Lösung der Gleichung $Q(v) = 0$ bedeutet.*

18. Will man aus diesem Ergebnis den in **13** angekündigten Grenzwertsatz folgern, so hat man sich nur von der Voraussetzung der *Stetig-*

[1] Für einen vollständigen Beweis muß hier auf die Originalarbeit von PETROWSKY [30] hingewiesen werden.

keit von $u(x, y)$ zu befreien; denn die daselbst vorgegebene Funktion ist außerhalb G nur der beiden Werte 0 und 1 fähig und folglich abgesehen von trivialen Fällen unstetig. Es war vorausgesetzt, daß die Bereiche U' und U'' voneinander durch eine endliche Anzahl stetiger Kurven getrennt sind, die keine gemeinsamen Kurvenstücke mit C haben. E_ε bedeute die Gesamtheit der Punkte von E, deren Abstand von einer dieser Grenzkurven die positive Zahl ε nicht übertrifft. Man wähle zwei stetige Funktionen $\bar{v}(x, y)$ und $\underline{v}(x, y)$, die sich außerhalb G nur in E_ε von $v_\lambda(x, y)$ unterscheiden[1] und daselbst die Ungleichungen

$$\underline{v}(x, y) \leqq v_\lambda(x, y) \leqq \bar{v}(x, y)$$

erfüllen, und die innerhalb G der Gleichung $Q(v) = 0$ genügen; $\bar{v}_\lambda(x, y)$ [bzw. $\underline{v}_\lambda(x, y)$] sei die Lösung des durch $\bar{v}(x, y)$ [bzw. $\underline{v}(x, y)$] und die Verteilung $F_\lambda(x, y; \xi, \eta)$ vorgelegten Problems P. Mittels sukzessiver Approximationen erfolgt dann sofort für alle x, y

$$\underline{v}_\lambda(x, y) \leqq v_\lambda(x, y) \leqq \bar{v}_\lambda(x, y); \tag{34}$$

nach dem in **17** bewiesenen Satz ist aber innerhalb G

$$\lim_{\lambda \to 0} \underline{v}_\lambda(x, y) = \underline{v}(x, y),$$

$$\lim_{\lambda \to 0} \bar{v}_\lambda(x, y) = \bar{v}(x, y);$$

folglich ergibt (34)

$$\limsup_{\lambda \to 0} v_\lambda(x, y) \leqq \bar{v}(x, y),$$

$$\liminf_{\lambda \to 0} v_\lambda(x, y) \geqq \underline{v}(x, y);$$

läßt man nun ε unendlich klein werden, so nähern sich $\bar{v}(x, y)$ und $\underline{v}(x, y)$ in jedem Punkt von G der durch die Randbedingung

$$v_0(x, y) = \begin{cases} 1 & \text{auf } C', \\ 0 & \text{auf } C'' \end{cases}$$

ausgesonderten Lösung $v_0(x, y)$ der Gleichung $Q(v) = 0$ *, was

$$\lim_{\lambda \to 0} v_\lambda(x, y) = v_0(x, y)$$

in G zur Folge hat. Damit ist der angekündigte Grenzwertsatz bewiesen.

[1] Man beachte, daß $v_\lambda(x, y)$ außerhalb G von λ unabhängig ist.

* Vgl. Fußnote 1, S. 45.

Viertes Kapitel.

Einseitige Irrfahrt und Verallgemeinerung der LAPLACE-TCHEBYCHEFFschen Fragestellung.

§ 1. Das zweidimensionale Problem der einseitigen Irrfahrt.

1. Wir betrachten auf der xy-Ebene ein Gebiet G, das von den Geraden $x=0$, $x=X>0$ und den beiden Kurven $y=f_1(x)$, $y=f_2(x)$ begrenzt wird. Dabei sollen die Funktionen $f_1(x)$ und $f_2(x)$ auf der Strecke $0 \leqq x \leqq X$ stetige Ableitungen haben, und es sei daselbst

$$f_1(x) < 0 < f_2(x).$$

Ein punktförmig gedachtes Teilchen bewege sich wieder zufallsmäßig in Schritten, von einem Punkte des Gebietes G ausgehend. Wieder bedeute $F_\lambda(a, b; a', b')$ die Wahrscheinlichkeit dafür, daß das Teilchen, das sich zu Beginn eines Schrittes im Punkt (a, b) befindet, nach Vollendung dieses Schrittes im Gebiet $x < a'$, $y < b'$ enthalten sein wird. Diesmal wollen wir aber voraussetzen, daß *die Irrfahrt in bezug auf x immer in einer bestimmten Richtung vor sich geht,* die wir, ohne die Allgemeinheit zu beschränken, als positiv annehmen dürfen; es soll somit $F_\lambda(a, b; a', b') = 0$ sein für $a' \leqq a$. Es wird sich sogleich herausstellen, daß die durch diese Forderung bedingte neue Sachlage *nicht* als ein Spezialfall des im vorstehenden Paragraphen gelösten allgemeinen Diffusionsproblems aufgefaßt werden kann und deswegen einer speziellen Behandlung bedarf.

Wir wollen die Verteilung $F_\lambda(a, b; a', b')$ in ihrer Abhängigkeit vom Parameter λ gewissen Forderungen unterwerfen, die den Bedingungen (24) und (L) des vorstehenden Paragraphen analog sind; nur wollen wir den Sachverhalt einigermaßen verallgemeinern zwecks weiterer Anwendung: An Stelle des unabhängigen Parameters λ, der in (24) und (L) auftritt, wollen wir eine unendlich kleine Größe $\psi = \psi(x, y, \lambda)$ einführen, die außer von λ noch beliebig von x und y abhängen kann und der einzigen Forderung zu genügen hat, daß *sie für alle x, y in G und alle λ positiv ist und gleichmäßig in G mit λ gegen Null konvergiert.* Es sei demnach gleichmäßig in G

$$(1)\quad \begin{cases} \iint(\xi - x)\, d_2F_\lambda(x, y; \xi, \eta) = \psi\, \alpha_1(x, y) + o(\psi), \\ \iint(\eta - y)\, d_2F_\lambda(x, y; \xi, \eta) = \psi\, \alpha_2(x, y) + o(\psi), \\ \iint(\xi - x)^2\, d_2F_\lambda(x, y; \xi, \eta) = \psi\, \beta_{11}(x, y) + o(\psi), \\ \iint(\xi - x)(\eta - y)\, d_2F_\lambda(x, y; \xi, \eta) = \psi\, \beta_{12}(x, y) + o(\psi), \\ \iint(\eta - y)^2\, d_2F_\lambda(x, y; \xi, \eta) = \psi\, \beta_{22}(x, y) + o(\psi), \end{cases}$$

$$(\mathrm{L})\quad \iint\limits_{E - K_{xy}} [(\xi - x)^2 + (\eta - y)^2]\, d_2F_\lambda(x, y; \xi, \eta) = o(\psi),$$

wo K_{xy} wieder einen Kreis von einem beliebig kleinen, aber festen Radius um (x, y) bedeutet und die Funktionen $\alpha_1, \alpha_2, \beta_{11}, \beta_{12}, \beta_{22}$ samt ihren ersten und zweiten Ableitungen in G und auf seiner Begrenzung stetig sind[1].

So weit besteht noch vollständige Übereinstimmung mit den Voraussetzungen des vorstehenden Paragraphen. Nun sieht man aber leicht ein, daß die weitere daselbst aufgestellte Forderung $\beta_{11}\beta_{22} - \beta_{12}^2 > 0$ in unserem Fall nicht aufrechterhalten werden kann; die „Einseitigkeit" der Wanderung hat nämlich zur Folge, daß diese Diskriminante in G identisch verschwinden muß. In der Tat erhält man wegen der postulierten Eigenschaften der Verteilung $F_\lambda(x, y; \xi, \eta)$, wenn τ den Halbmesser von K_{xy} bedeutet,

$$\iint (\xi - x)^2 \, d_2 F_\lambda(x, y; \xi, \eta) = \iint\limits_{K_{xy}} (\xi - x)^2 \, d_2 F_\lambda(x, y; \xi, \eta)$$

$$+ \iint\limits_{E - K_{xy}} (\xi - x)^2 \, d_2 F_\lambda(x, y; \xi, \eta) \leqq \tau \iint\limits_{K_{xy}} (\xi - x) \, d_2 F_\lambda(x, y; \xi, \eta) + o(\psi)$$

$$= \tau[\psi\, \alpha_1(x, y) + o(\psi)] + o(\psi);$$

wegen der Beschränktheit von $\alpha_1(x, y)$ ergibt das

$$\iint (\xi - x)^2 d_2 F_\lambda(x, y; \xi, \eta) = o(\psi)$$

und folglich wegen (1) identisch in G

$$\beta_{11}(x, y) = 0;$$

und auf ganz ähnliche Weise läßt sich zeigen, daß auch

$$\beta_{12}(x, y) = 0$$

identisch in G ist. Die Gleichung (26) des vorstehenden Paragraphen erhält demnach in unserem Fall die Gestalt

$$Q(v) = \alpha_1 \frac{\partial v}{\partial x} + \alpha_2 \frac{\partial v}{\partial y} + \frac{1}{2} \beta_{22} \frac{\partial^2 v}{\partial y^2} = 0; \tag{2}$$

sie ist eine Gleichung *vom parabolischen Typus*, was den wesentlichen Unterschied zwischen der gegenwärtigen Fragestellung und der im vorstehenden Kapitel behandelten in analytischer Form zum Ausdruck bringt.

---

[1] Die durch die Einführung der Funktion ψ erzielte Verallgemeinerung der Voraussetzungen hat mit der uns in diesem Kapitel speziell beschäftigenden „Einseitigkeit" der Diffusion nichts zu tun. Sie könnte, wie der Leser sich leicht überzeugt, auch im Rahmen des vorstehenden Kapitels vorgenommen werden, ohne die Beweisführung zu erschweren und auch ohne die Ergebnisse zu verletzen (vgl. auch die Originalarbeit von PETROWSKY [30]). Nur der leichteren Übersichtlichkeit halber haben wir es bei jener ersten Darlegung der Methode vorgezogen, statt ψ einfach λ zu schreiben und dementsprechend auf die in Frage kommende Verallgemeinerung zu verzichten.

Man bezeichne nun mit $v_\lambda(x, y)$ die Wahrscheinlichkeit dafür, daß das wandernde Teilchen, von der Stelle (x, y) des Gebietes G ausgehend, einmal den Bereich $U'(x > X)$ erreicht, und zwar ohne vorhin den Bereich $U''(x \lessgtr X, y \leqq f_1(x)$ oder $y \geqq f_2(x))$ zu betreten. Ferner sei C' die Strecke $x = X$ der Begrenzung von G, und C'' die Gesamtheit der beiden Kurvenzüge $y = f_1(x)$, $y = f_2(x)$ $(0 \leqq x < X)$. Endlich soll die Verteilung $F_\lambda(x, y; \xi, \eta)$ der Voraussetzung A des vorstehenden Paragraphen Genüge leisten, deren Wortlaut für den neuen Fall keiner Abänderung bedarf.

Es ist unser Ziel, zu beweisen, daß *$v_\lambda(x, y)$ für $\lambda \to 0$ in G gegen die durch die Randbedingungen*

$$v_0(x, y) = \begin{cases} 1 & \textit{auf } C', \\ 0 & \textit{auf } C'' \end{cases}$$

ausgesonderte Lösung $v_0(x, y)$ der Differentialgleichung (2) ***konvergiert,*** zum wenigsten, wenn die Koeffizienten α_1, α_2 und β_{22} dieser Gleichung ihr gewisse, in den einfachsten Fällen bekannte oder leicht beweisbare Eigenschaften verleihen.

2. Setzt man $v_\lambda(x, y) = 1$ in U', $v_\lambda(x, y) = 0$ in U'', so genügt offenbar $v_\lambda(x, y)$ innerhalb G der Integralgleichung

$$v_\lambda(x, y) = \int\int v_\lambda(\xi, \eta)\, d_2 F_\lambda(x, y; \xi, \eta)\,. \tag{3}$$

Wieder wollen wir das Problem verallgemeinern, indem wir nun voraussetzen, daß in $U = U' + U''$ eine beliebige beschränkte und im Borelschen Sinne meßbare Funktion $u(x, y)$ vorgelegt sei, und ihre Werte innerhalb G dann so zu bestimmen suchen, daß sie daselbst beschränkt bleibt und der Gleichung

$$u(x, y) = \int\int u(\xi, \eta)\, d_2 F_\lambda(x, y; \xi, \eta) \tag{4}$$

genügt. Diese allgemeine Fragestellung wollen wir wieder als Problem P bezeichnen. Daß dieses Problem unter der Voraussetzung A immer eine eindeutige Lösung hat, bedarf hier keines Beweises; denn die Begründung, die wir dieser Tatsache im dritten Kapitel gegeben haben, war nicht nur von dem Vorzeichen der Diskriminante der betreffenden Differentialgleichung, sondern sogar von dem Bestehen der Bedingungen (1) und (L) vollständig unabhängig; der Umstand, daß im vorliegenden Fall die Funktion $u(x, y)$ für $x \leqq 0$ überhaupt nicht definiert war, darf natürlich angesichts der speziellen Beschaffenheit der gegenwärtigen Verteilung F_λ keine Zweifel erwecken; man kann, wenn man will, die Werte von $u(x, y)$ für $x \leqq 0$ ganz beliebig vorlegen — für das gegenwärtige Problem bleiben diese Werte belanglos, da der wandernde Punkt nach Voraussetzung den Bereich $x \leqq 0$ nicht betreten kann.

Indem wir zunächst die auf U vorgegebene Funktion $u(x, y)$ als daselbst *stetig* voraussetzen, wollen wir zu beweisen suchen, daß *die Lösung $u_\lambda(x, y)$ des betreffenden Problems P für $\lambda \to 0$ in G gegen die-*

jenige Lösung $u_0(x, y)$ der Gleichung (2) *konvergiert, die auf $C = C' + C''$ mit $u(x, y)$ übereinstimmt*; selbstverständlich wird dabei vorausgesetzt, daß die Gleichung (2) mit dieser Randbedingung eindeutig lösbar ist. Daraus läßt sich sofort erschließen, daß auch die Gleichung

$$Q(v) + \varepsilon = 0, \tag{5}$$

wo ε eine willkürliche positive Konstante bedeutet, unter derselben Randbedingung in G eindeutig lösbar ist [denn ist $\varphi(x, y)$ eine Lösung von (2) mit der Randfunktion $u(x, y) + \varepsilon x$, so ist $\varphi(x, y) - \varepsilon x$ eine Lösung von (5) mit der Randfunktion $u(x, y)$ und umgekehrt].

Durch die Transformation $x' = (1 + \delta_1)x$, $y' = (1 + \delta_2)y$ wird offenbar bei passender Wahl der beliebig kleinen positiven Zahlen δ_1 und δ_2 (es genügt, δ_2 beliebig und darauf δ_1 genügend klein zu wählen) das Gebiet G zu einem größeren Gebiet $G^* \supset G$ erweitert. Man bezeichne mit $v_\varepsilon(x, y)$ die der Randfunktion $u(x, y)$ entsprechende Lösung der Gleichung (5) und setze

$$v_{\varepsilon,\delta}(x', y') = v_\varepsilon(x, y)$$

für jeden Punkt (x, y) von G (δ steht dabei für das Zahlenpaar δ_1, δ_2); die Funktion $v_{\varepsilon,\delta}(x, y)$ ist hierdurch im erweiterten Gebiet G^* definiert; *hat $v_\varepsilon(x, y)$ in G, was wir nun voraussetzen wollen, stetige Ableitungen erster und zweiter Ordnung,* so gilt offenbar dasselbe für $v_{\varepsilon,\delta}(x', y')$ in G^*; und für genügend kleine δ_1 und δ_2 ist daselbst

$$|Q(v_{\varepsilon,\delta}) + \varepsilon| < \frac{\varepsilon}{2}. \tag{6}$$

Endlich sei $\tau = \tau(\varepsilon, \delta_1, \delta_2)$ die obere Schranke von $|u(x, y) - v_{\varepsilon,\delta}(x, y)|$ in $G^* - G$. Wegen der vorausgesetzten Stetigkeit von $u(x, y)$ ist offenbar τ für genügend kleine δ_1 und δ_2 beliebig klein. Man setze

$$v^*_{\varepsilon,\delta}(x, y) = \begin{cases} v_{\varepsilon,\delta}(x, y) + \tau & \text{in } G^*, \\ u(x, y) & \text{in } U \text{ außerhalb } G^*; \end{cases}$$

innerhalb G^* erfüllt diese Funktion offenbar die Ungleichung (6), da sie sich daselbst nur um eine Konstante von $v_{\varepsilon,\delta}(x, y)$ unterscheidet.

3. Nun soll gezeigt werden, daß für genügend kleine δ_1, δ_2 und λ innerhalb G und auf C

$$v^*_{\varepsilon,\delta}(x, y) > \int\int v^*_{\varepsilon,\delta}(\xi, \eta)\, d_2F_\lambda(x, y; \xi, \eta) \tag{7}$$

ist.

Die Transformation, die G in G^* überführt, transformiert C in eine Kurve, die C^* heißen möge. Bezeichnet man mit μ eine positive Zahl, die kleiner ist als der Minimalabstand zwischen C und C^*, und mit $K_{x,y}$ den Kreis um (x, y) vom Halbmesser μ und setzt

$$J_1 = \iint_{K_{xy}} v^*_{\varepsilon,\delta}(\xi, \eta)\, d_2F_\lambda(x, y; \xi, \eta),$$

$$J_2 = \iint_{E-K_{xy}} v^*_{\varepsilon,\delta}(\xi, \eta)\, d_2F_\lambda(x, y; \xi, \eta),$$

so ist wegen (L), wenn M die obere Schranke von $|v^*_{\varepsilon,\delta}(x,y)|$ in der ganzen Halbebene $x > 0$ bedeutet, für $(x,y) \subset G$

$$|J_2| \leqq M \iint\limits_{E-K_{xy}} d_2 F_\lambda(x,y;\xi,\eta) \leqq \frac{M}{\mu^2} \iint\limits_{E-K_{xy}} [(\xi-x)^2+(\eta-y)^2]\, d_2 F_\lambda(x,y;\xi,\eta) = o(\psi).$$

Der Integrationsbereich von J_1 ist aber für jede Lage des Punktes (x,y) von G in G^* enthalten, wegen der getroffenen Wahl von μ *; folglich hat daselbst $v^*_{\varepsilon,\delta}(\xi,\eta)$ stetige Ableitungen erster und zweiter Ordnung, so daß wir

$$\begin{aligned} v^*_{\varepsilon,\delta}(\xi,\eta) &= v^*_{\varepsilon,\delta}(x,y) + (\xi-x)\frac{\partial v^*_{\varepsilon,\delta}}{\partial x} + (\eta-y)\frac{\partial v^*_{\varepsilon,\delta}}{\partial y} \\ &+ \frac{1}{2}\left\{(\xi-x)^2\frac{\partial^2 v^*_{\varepsilon,\delta}}{\partial x^2} + 2(\xi-x)(\eta-y)\frac{\partial^2 v^*_{\varepsilon,\delta}}{\partial x\,\partial y} + (\eta-y)^2\frac{\partial^2 v^*_{\varepsilon,\delta}}{\partial y^2}\right\} \\ &+ [(\xi-x)^2+(\eta-y)^2]\,\varrho(x,y;\xi,\eta) \end{aligned}$$

setzen können, wo $\varrho(x,y;\xi,\eta)$ für gegen Null abnehmendes μ gleichmäßig in K_{xy} unendlich klein wird.

Folglich wird

$$\begin{aligned} J_1 &= v^*_{\varepsilon,\delta}(x,y)\iint\limits_{K_{xy}} d_2F_\lambda(x,y;\xi,\eta) + \frac{\partial v^*_{\varepsilon,\delta}}{\partial x}\iint\limits_{K_{xy}}(\xi-x)\,d_2F_\lambda(x,y;\xi,\eta) \\ &+ \frac{\partial v^*_{\varepsilon,\delta}}{\partial y}\iint\limits_{K_{xy}}(\eta-y)\,d_2F_\lambda(x,y;\xi,\eta) + \frac{1}{2}\frac{\partial^2 v^*_{\varepsilon,\delta}}{\partial x^2}\iint\limits_{K_{xy}}(\xi-x)^2\,d_2F_\lambda(x,y;\xi,\eta) \\ &+ \frac{\partial^2 v^*_{\varepsilon,\delta}}{\partial x\,\partial y}\iint\limits_{K_{xy}}(\xi-x)(\eta-y)\,d_2F_\lambda(x,y;\xi,\eta) \\ &+ \frac{1}{2}\frac{\partial^2 v^*_{\varepsilon,\delta}}{\partial y^2}\iint(\eta-y)^2\,d_2F_\lambda(x,y;\xi,\eta) + J^*, \end{aligned}$$

$$J^* = \iint\limits_{K_{xy}}[(\xi-x)^2+(\eta-y)^2]\,\varrho(x,y;\xi,\eta)\,d_2F_\lambda(x,y;\xi,\eta);$$

wegen (1) und dem soeben erwähnten Verhalten der Funktion ϱ ergibt sich offenbar für genügend kleine μ und λ

$$|J^*| < \frac{\varepsilon}{4}\psi;$$

und wie im Fall der „elliptischen" Irrfahrt ergibt auch hier mit Leichtigkeit die LINDEBERGsche Bedingung, daß die anderen rechtsstehenden Integrale sich von den entsprechenden über die ganze Ebene erstreckten Integralen nur um Größen der Form $o(\psi)$ unterscheiden. Das ergibt

$$J_1 < v^*_{\varepsilon,\delta}(x,y) + \left[Q(v^*_{\varepsilon,\delta}) + \frac{\varepsilon}{4}\right]\psi + o(\psi);$$

* Der etwaige in der Halbebene $x < 0$ liegende Teil des Integrationsbereiches kommt selbstverständlich nicht in Betracht, denn es ist daselbst identisch $d_2F_\lambda(x,y;\xi,\eta) = 0$.

und da, wie schon bemerkt, $v^*_{\varepsilon,\delta}$ der Ungleichung (6) genügt, so folgt daraus

$$J_1 < v^*_{\varepsilon,\delta}(x,y) - \frac{\varepsilon}{4}\psi + o(\psi);$$

nach der oben gewonnenen Abschätzung für J_2 ergibt das endlich für genügend kleines λ

$$J_1 + J_2 = \int\int v^*_{\varepsilon,\delta}(\xi,\eta)\, d_2 F_\lambda(x,y;\xi,\eta) < v^*_{\varepsilon,\delta}(x,y),$$

w. z. b. w.

4. Durch die in U definierte beschränkte und stetige Funktion $u(x,y)$ wird ein Problem P vorgelegt, dessen der Verteilung F_λ entsprechende und wegen der Voraussetzung A eindeutige Lösung in der ganzen Halbebene $x > 0$ mit $u_\lambda(x,y)$ bezeichnet werde. Ähnlicherweise definieren auch die Werte der Funktion $v^*_{\varepsilon,\delta}(x,y)$ auf U ein Problem P, dessen Lösung $w(x,y)$ heißen möge. Die Ungleichung (7), die wir für die Funktion $v^*_{\varepsilon,\delta}(x,y)$ bewiesen haben, und die entsprechende Integralgleichung, welcher $w(x,y)$ als Lösung eines Problems P genügt, lassen dann ganz wie im vorstehenden Paragraphen leicht erkennen, daß überall in der Halbebene $x > 0$

$$w(x,y) \leqq v^*_{\varepsilon,\delta}(x,y)$$

ist. Andererseits zeigt aber auch dieselbe Schlußweise, daß daselbst

$$u_\lambda(x,y) \leqq w(x,y)$$

ist, denn auf U ist diese Ungleichung nach der Definition von $v^*_{\varepsilon,\delta}(x,y)$ erfüllt; demnach erhält man in der ganzen Halbebene $x > 0$

$$u_\lambda(x,y) \leqq v^*_{\varepsilon,\delta}(x,y).$$

Läßt man nun zunächst δ_1 und δ_2 unendlich klein werden, so wird auch (vgl. **3**) τ unendlich klein, und mithin nähert sich $v^*_{\varepsilon,\delta}(x,y)$ in G der Funktion $v_\varepsilon(x,y)$; und *ist* $v_\varepsilon(x,y)$, wie wir nun noch voraussetzen wollen, *in stetiger Weise von* ε *abhängig*, so ist folglich für genügend kleines λ, wie klein auch die positive Zahl σ gewählt sein mag,

$$u_\lambda(x,y) < u_0(x,y) + \sigma,$$

wo $u_0(x,y)$ die der Randfunktion $u(x,y)$ entsprechende Lösung der Gleichung (2) ist. Und da offenbar auch die andere Ungleichung

$$u_\lambda(x,y) > u_0(x,y) - \sigma$$

auf ganz dieselbe Weise erschlossen werden kann, so ist damit folgender Satz bewiesen: *Erfüllt die in bezug auf x einseitige Verteilung F_λ die Bedingungen* (1) *und* (L) *und die Voraussetzung A, und ist $u_\lambda(x,y)$ die Lösung des entsprechenden Problems P mit den auf U vorgegebenen Werten $u(x,y)$, die daselbst eine stetige und beschränkte Funktion bilden, so gilt in jedem Punkt von G für $\lambda \to 0$*

$$u_\lambda(x,y) \to u_0(x,y),$$

wo $u_0(x, y)$ *diejenige Lösung der Gleichung* (2) *bedeutet, die auf* C *mit* $u(x, y)$ *zusammenfällt.* Es hat dabei allerdings die Gleichung (2) noch gewissen Voraussetzungen allgemeiner Natur zu genügen, von denen oben die Rede war.

5. Unsere ursprüngliche Fragestellung unterscheidet sich von der soeben erledigten nur dadurch, daß die vorgegebene Funktion $u(x, y)$ auf U unstetig ist (nämlich gleich Eins auf U' und gleich Null auf U''). Wollen wir das gewonnene Ergebnis auf diesen Fall verallgemeinern, so müssen wir wie im vorstehenden Paragraphen die vorliegende unstetige Funktion $u(x, y)$ mittels stetiger Funktionen $\bar{v}(x, y)$, $\underline{v}(x, y)$ approximieren, die außerhalb G nur in den beiden durch $y \leqq f_1(x) + \varepsilon$ bzw. $y \geqq f_2(x) - \varepsilon$ gekennzeichneten Teilen des Streifens $X - \varepsilon \leqq x \leqq X + \varepsilon$ von $u(x, y)$ abweichen dürfen und daselbst die Ungleichungen[1]

$$\underline{v}(x, y) \leqq v_\lambda(x, y) \leqq \bar{v}(x, y)$$

erfüllen; innerhalb G sollen die beiden Funktionen $\underline{v}(x, y)$ und $\bar{v}(x, y)$ durch die Forderung festgelegt werden, daß sie daselbst die Gleichung (2) erfüllen. Durch die Werte der Funktion $\underline{v}(x, y)$ bzw. $\bar{v}(x, y)$ außerhalb G wird ein Problem P vorgelegt, dessen der Verteilung F_λ entsprechende und wegen der Voraussetzung A eindeutige Lösung wir mit $\underline{v}_\lambda(x, y)$ bzw. $\bar{v}_\lambda(x, y)$ bezeichnen wollen. Mittels der üblichen rekurrenten Schlußweise erfolgt dann für alle Punkte (x, y) der Halbebene $x > 0$

$$\underline{v}_\lambda(x, y) \leqq v_\lambda(x, y) \leqq \bar{v}_\lambda(x, y) . \tag{8}$$

Nach dem in **4** bewiesenen Satze ist aber innerhalb G wegen der vorausgesetzten Stetigkeit von $\underline{v}$ und $\bar{v}$

$$\lim_{\lambda \to 0} \underline{v}_\lambda(x, y) = \underline{v}(x, y) ,$$
$$\lim_{\lambda \to 0} \bar{v}_\lambda(x, y) = \bar{v}(x, y) ;$$

folglich ergeben die Ungleichungen (8)

$$\begin{cases} \limsup\limits_{\lambda \to 0} v_\lambda(x, y) \leqq \bar{v}(x, y) , \\ \liminf\limits_{\lambda \to 0} v_\lambda(x, y) \geqq \underline{v}(x, y) . \end{cases} \tag{9}$$

Lassen wir nun ε unendlich klein werden, so konvergieren $\underline{v}(x, y)$ und $\bar{v}(x, y)$ in allen Punkten von C mit Ausschluß der beiden „Eckpunkte" $(X, f_1(X))$ und $(X, f_2(X))$ gegen die ursprünglich vorgegebene Randfunktion, die gleich 1 auf C' und gleich 0 auf C'' ist. Wir wollen annehmen, daß *sich dabei auch die entsprechenden Lösungen* $\underline{v}(x, y)$ *und* $\bar{v}(x, y)$ *der dieser Randfunktion entsprechenden Lösung* $v_0(x, y)$ *der Gleichung* (2) *nähern.* Ist das der Fall, so erhält man aus (9) unmittelbar

$$\lim_{\lambda \to 0} v_\lambda(x, y) = v_0(x, y) ,$$

[1] Man beachte, daß außerhalb G $v_\lambda(x, y) = u(x, y)$ von λ unabhängig ist.

womit der Satz auch für den unserer Fragestellung entsprechenden Fall festgestellt ist.

Wir wollen noch die Voraussetzungen, denen die Gleichung (2) zu genügen hat und die wir oben immer ad hoc eingeführt haben, einmal zusammenfassen. *Für jede auf C vorgegebene stetige Funktion $u(x, y)$ soll die Gleichung* (2) *eine einzige innerhalb G geltende Lösung haben, die daselbst stetige Ableitungen erster und zweiter Ordnung besitzt und auf C mit $u(x, y)$ zusammenfällt. Bei stetiger Änderung der Randfunktion soll sich diese Lösung in stetiger Weise ändern. Nähert sich endlich $u(x, y)$ der durch*

$$v_0(x, y) = \begin{cases} 1 & \textit{auf} \quad C', \\ 0 & \textit{auf} \quad C'' \end{cases}$$

definierten Funktion $v_0(x, y)$, so soll die erwähnte Lösung gegen die eindeutig definierte Lösung derselben Gleichung konvergieren, die auf C mit $v_0(x, y)$ zusammenfällt.

6. Das ganze in diesem Paragraphen behandelte Problem ist selbstverständlich das (allerdings nicht allgemeine) „parabolische" Gegenstück zur „elliptischen" Fragestellung des dritten Kapitels. Ganz ungezwungen ergeben sich beidenfalls die üblichen Randbedingungen als die der wahrscheinlichkeitstheoretischen Fragestellung naturgemäß angepaßten.

Wenn wir aber trotzdem den „parabolischen" Fall der einseitigen Irrfahrt ziemlich ausführlich behandelt und dabei unvermeidlich einige Wiederholungen zugelassen haben, so geschah das wegen einer ganz anderen Bedeutung des soeben diskutierten Problems. Dasselbe ist nämlich, wie im nächsten Paragraphen gezeigt werden soll, die Verallgemeinerung einer Fragestellung, die ihrerseits als eine Erweiterung des eindimensionalen ersten Diffusionsproblems (vgl. drittes Kapitel, § 1) aufgefaßt werden kann und einem Problemkreis angehört, der seit einigen Jahren gewisses Interesse in der Wahrscheinlichkeitstheorie erweckt. Diesem Problemkreis ist auch das ganze letzte Kapitel gewidmet.

§ 2. Eine Verallgemeinerung der LAPLACE-TCHEBYCHEFFschen Fragestellung.

7. Wie im § 1 des ersten Kapitels wollen wir eine zufällige Variable $\boldsymbol{x}$ betrachten, die sich als Summe von n gegenseitig unabhängigen zufälligen Variablen $\boldsymbol{x}_1, \boldsymbol{x}_2, \ldots, \boldsymbol{x}_n$ mit verschwindenden Mittelwerten und den respektiven Verteilungsgesetzen $F_1(x), F_2(x), \ldots, F_n(x)$ darstellen läßt. Wie dort wollen wir die LINDEBERGschen Bedingungen als erfüllt voraussetzen, so daß für jedes $\tau > 0$ die Integrale

$$\int\limits_{|x| > \tau} x^2 \, dF_k(x) \qquad (1 \leqq k \leqq n)$$

relativ zu den entsprechenden Streuungen

$$b_k = \int x^2 \, dF_k(x)$$

beliebig klein gedacht werden können. Die Streuung $B_n = \sum_{k=1}^{n} b_k$ von $\boldsymbol{x}$ sei wieder gleich Eins, und die Verteilungsfunktion von $\boldsymbol{x}$ heiße $U(x)$.

Die Fragestellung, die wir in diesem Paragraphen bezüglich der geschilderten Sachlage angreifen wollen, erscheint als eine Verallgemeinerung des klassischen LAPLACE-TCHEBYCHEFFschen Problems des ersten Kapitels. Es seien $f_1(t)$ und $f_2(t)$ zwei für $0 \leqq t \leqq 1$ definierte stetig differenzierbare Funktionen, die daselbst den Ungleichungen $f_1(t) < 0 < f_2(t)$ genügen. Im ersten Kapitel stellten wir uns die Aufgabe, das Verteilungsgesetz der endgültigen Summe $\boldsymbol{x} = \sum_{k=1}^{n} \boldsymbol{x}_k$ näherungsweise festzustellen, d. h. die Wahrscheinlichkeit dafür, daß der Wert dieser Summe zwischen zwei bestimmten Zahlen a und b eingeschlossen erscheint. Die neue Fragestellung soll dagegen nicht nur das Endergebnis, sondern darüber hinaus auch den ganzen Verlauf des Summationsprozesses erfassen. Wir fragen nämlich nach der Wahrscheinlichkeit dafür, daß *für alle* $k\,(1 \leqq k \leqq n)$ die Summen $\boldsymbol{s}_k = \sum_{i=1}^{k} \boldsymbol{x}_i$ den Ungleichungen

$$f_1(B_k) < \boldsymbol{s}_k < f_2(B_k)$$

genügen; wie gewöhnlich, interessiert uns auch hier im Grunde der Grenzwert der fraglichen Wahrscheinlichkeit unter der Voraussetzung, daß die Anzahl n der Summanden bei Bestehen der LINDEBERGschen Bedingung ins Unendliche wächst, während die Gesamtstreuung konstant verbleibt und auch die beiden Funktionen $f_1(t)$ und $f_2(t)$ ungeändert bleiben. Wegen der Willkürlichkeit dieser beiden Funktionen erhält das Problem offenbar einen hohen Grad von Allgemeinheit.

Die Lösung wird durch folgenden Satz geliefert, dessen Beweis den Inhalt dieses Paragraphen bilden soll: *Zu jedem $\varepsilon > 0$ gibt es zwei positive Zahlen η und μ von der Beschaffenheit, daß jedesmal, wenn die Bedingungen*

$$\text{(L)} \qquad \frac{1}{b_k} \int_{|x| > \eta} x^2 \, dF_k(x) < \mu \qquad (k = 1, 2, \ldots, n)$$

erfüllt sind, die gesuchte Wahrscheinlichkeit sich um weniger als ε von $v_0(0, 0)$ unterscheidet, wo $v_0(x, t)$ diejenige Lösung der Gleichung

$$\text{(10)} \qquad \frac{\partial v}{\partial t} + \frac{1}{2} \frac{\partial^2 v}{\partial x^2} = 0$$

bedeutet, die für $t = 1$, $f_1(t) < x < f_2(t)$ den Wert 1, für $0 \leqq t < 1$, $x = f_1(t)$ und $0 \leqq t < 1$, $x = f_2(t)$ dagegen den Wert 0 annimmt. Selbstverständlich bleibt ein analoger Satz auch dann bestehen, wenn statt $(0, 0)$ ein beliebiger anderer Punkt des durch die Geraden $t = 0$, $t = 1$

und die Kurvenzüge $x = f_1(t)$, $x = f_2(t)$ begrenzten Gebietes G zum Ausgangspunkt gewählt wird.

Wenn wir jedem möglichen Wert s_k der Summe $\mathbf{s}_k$ in der xt-Ebene den Punkt mit den Koordinaten (s_k, B_k) zuordnen, so erscheint der betrachtete Summationsprozeß als eine zweidimensionale Irrfahrt mit dem Ausgangspunkt (0, 0). Man bezeichne mit U' den Bereich

$$\begin{cases} t > 1,\ x \quad \text{beliebig}, \\ t = 1,\ f_1(t) < x < f_2(t) \end{cases}$$

und mit U'' den Bereich

$$\begin{cases} 0 \leqq t \leqq 1, \quad x \leqq f_1(t), \\ 0 \leqq t \leqq 1, \quad x \geqq f_2(t); \end{cases}$$

dann lautet offenbar unsere Fragestellung: Wie groß ist die Wahrscheinlichkeit dafür, daß der wandernde Punkt, von (0, 0) ausgehend, den Bereich U' erreicht, ohne vorhin den Bereich U'' zu betreten?

Diese diffusionstheoretische Auffassung läßt wohl am klarsten den Zusammenhang der neuen Fragestellung mit dem LAPLACE-TCHEBYCHEFFschen Problem des ersten Kapitels erkennen. Wenn wir nämlich die beiden Kurvenäste $x = f_1(t)$ und $x = f_2(t)$ unter Festhalten der Endpunkte $[1, f_1(1)]$ und $[1, f_2(1)]$ derart deformieren, daß sie im Limes mit den Strecken $[-\infty < x \leqq f_1(1)]$ bzw. $[f_2(1) \leqq x < \infty]$ der Geraden $t = 1$ zusammenfallen, so ändert sich das betrachtete Irrfahrtproblem offenbar in solcher Weise, daß man im Limes genau die ursprüngliche LAPLACE-TCHEBYCHEFFsche Fragestellung erhält. Dieser Zusammenhang, der sich somit in der Formulierung der beiden Probleme klar und anschaulich äußert, findet auch in ihren Lösungen einen vollständigen Ausdruck; denn das GAUSS-LAPLACEsche Integral

$$\frac{1}{\sqrt{2\pi}} \int_a^b e^{-\frac{1}{2}u^2}\, du$$

ist ja nichts anderes als der für $x = t = 0$ berechnete Wert derjenigen für $t < 1$ geltenden Lösung

$$v_0(x, t) = \frac{1}{\sqrt{2\pi}} \int_{\frac{a-x}{\sqrt{1-t}}}^{\frac{b-x}{\sqrt{1-t}}} e^{-\frac{1}{2}u^2}\, du$$

der Gleichung (10), die für $t = 1$, $a < x < b$ gleich 1, für $t = 1$, $x < a$ und $t = 1$, $x > b$ aber gleich 0 wird.

8. Wollen wir auf das soeben beschriebene Irrfahrtproblem die im vorstehenden § 1 dargelegte Lösungsmethode anwenden, so müssen wir vor allem beachten, daß die daselbst betrachtete Übergangswahrscheinlichkeit $F_\lambda(x, t; x', t')$ im gegenwärtigen Fall zunächst nur für eine endliche Menge von t-Werten, nämlich für $t = 0, B_1, B_2, \ldots, B_{n-1}$ definiert ist. Diesem Übelstand ist aber leicht abzuhelfen. Man bezeichne nämlich mit $\varepsilon(u)$ die elementare, durch

$$\varepsilon(u) = \begin{cases} 0 & \text{für} \quad u \leqq 0, \\ 1 & \text{für} \quad u > 0 \end{cases}$$

definierte Verteilungsfunktion und setze nach Definition

$$F_\lambda(x, t; x', t') = F_{k+1}(x' - x)\,\varepsilon(t' - t - b_{k+1})$$

für $B_k \leqq t < B_{k+1}$ $(0 \leqq k < n)$.

Diese Festsetzung hat offenbar folgende einfache Bedeutung: Hat der wandernde Punkt in einem bestimmten Zeitpunkt die Koordinaten (x, t) und ist $B_k \leqq t < B_{k+1}$, $0 \leqq k < n$, so ist nach Vollendung eines Schrittes mit Sicherheit $t' = t + b_{k+1}$; die Verteilung der Koordinate x nach diesem Schritt wird hingegen dadurch festgelegt, daß die Differenz $x' - x$ dem Verteilungsgesetz F_{k+1} unterliegt. Bezeichnet man mit $v_\lambda(x, t)$ die Wahrscheinlichkeit dafür, daß der wandernde Punkt, von der Lage (x, t) ausgehend, den Bereich U' erreicht, ohne vorhin den Bereich U'' zu betreten, so liefert offenbar $v_\lambda(0, 0)$ genau die von uns gesuchte Wahrscheinlichkeit.

Es ist klar, daß der somit definierte zweidimensionale Irrfahrtprozeß ein solcher von der im § 1 behandelten Art ist; denn die Wanderung erfolgt mit Sicherheit in der positiven Richtung der t-Achse. Der Umstand, daß dabei die Änderung von t in jedem einzelnen Schritt einen „scharfen", sicher eintretenden Wert haben muß, bildet die spezielle Voraussetzung der gegenwärtigen Fragestellung, die selbstverständlich im allgemeinen Fall nicht erfüllt zu sein braucht, andererseits aber den Voraussetzungen des allgemeinen Problems keinesfalls widerspricht. Wollen wir die Ergebnisse von § 1 auf den gegenwärtigen Fall anwenden, so müssen wir uns zunächst überzeugen, daß alle daselbst aufgestellten Bedingungen wirklich erfüllt sind.

Zu dem Ende wählen wir $\psi = \psi(x, t, \lambda) = b_{k+1}$ für $B_k \leqq t < B_{k+1}$, $0 \leqq k < n$ [der Parameter λ tritt hier, wie übrigens auch in § 1, explizit gar nicht auf; man könnte etwa die größte der Streuungen b_k $(1 \leqq k \leqq n)$ für das jeweilige Bild des Prozesses mit λ bezeichnen]; offenbar genügt die so gewählte Größe ψ allen nötigen Forderungen, denn es ist gleichmäßig in G

$$\psi(x, t, \lambda) \to 0 \quad \text{für} \quad \lambda \to 0.$$

Die Bedingungen (1) von § 1 erhalten dabei die Gestalt

$$\begin{aligned} 0 &= b_{k+1}\;\alpha_1(x, t) + o(b_{k+1}), \\ b_{k+1} &= b_{k+1}\;\alpha_2(x, t) + o(b_{k+1}), \\ b_{k+1} &= b_{k+1}\beta_{11}(x, t) + o(b_{k+1}), \\ 0 &= b_{k+1}\beta_{12}(x, t) + o(b_{k+1}), \\ b_{k+1}^2 &= b_{k+1}\beta_{22}(x, t) + o(b_{k+1}), \end{aligned}$$

wo k durch die Ungleichungen $B_k \leqq t < B_{k+1}$ definiert ist. Wenn die Streuungen b_k gleichmäßig unendlich klein werden, was, wie wir aus dem ersten Kapitel wissen, eine unmittelbare Folge der LINDEBERGschen Bedingung ist, so sind diese Gleichungen offenbar mit $\alpha_1 = \beta_{12} = \beta_{22} = 0$, $\alpha_2 = \beta_{11} = 1$ erfüllt. Die Gleichung (2) von § 1 erhält hier demnach die einfache Form

$$\frac{\partial v}{\partial t} + \frac{1}{2}\frac{\partial^2 v}{\partial x^2} = 0; \tag{11}$$

das ist die zur gewöhnlichen Wärmegleichung *adjungierte* Differentialgleichung, deren eindeutige Lösbarkeit für die unserem Fall entsprechenden Randbedingungen zu den klassischen Ergebnissen der Analysis gehört; und auch die anderen in § 1 aufgestellten Forderungen sind für diese Gleichung entweder bekannt oder leicht beweisbar, so daß in dieser Hinsicht die nötigen Bedingungen zweifellos erfüllt sind.

Wir haben uns aber noch zu überzeugen, daß auch die LINDEBERGsche Bedingung (L) von § 1 in unserem Fall erfüllt ist. Bedeutet ϱ den Halbmesser eines um den Punkt (x, t) geschlagenen Kreises, so ist, wenn k durch $B_k \leqq t < B_{k+1}$ definiert wird,

$$\begin{aligned}
&\iint\limits_{E-K_{xt}} [(\xi - x)^2 + (\tau - t)^2]\, d_2 F_\lambda(x, t; \xi, \tau) \\
&= \iint\limits_{E-K_{xt}} [(\xi - x)^2 + (\tau - t)^2]\, dF_{k+1}(\xi - x)\, d\varepsilon(\tau - t - b_{k+1}) \\
&\leqq \iint\limits_{|\xi - x| > \frac{\varrho}{\sqrt{2}}} [(\xi - x)^2 + (\tau - t)^2]\, dF_{k+1}(\xi - x)\, d\varepsilon(\tau - t - b_{k+1}) \\
&+ \iint\limits_{|\tau - t| > \frac{\varrho}{\sqrt{2}}} [(\xi - x)^2 + (\tau - t)^2]\, dF_{k+1}(\xi - x)\, d\varepsilon(\tau - t - b_{k+1}) \\
&\leqq \int\limits_{|\xi - x| > \frac{\varrho}{\sqrt{2}}} (\xi - x)^2 dF_{k+1}(\xi - x) + \int (\tau - t)^2 d\varepsilon(\tau - t - b_{k+1}),
\end{aligned}$$

denn das über $|\tau - t| > \frac{\varrho}{\sqrt{2}}$ erstreckte Integral verschwindet offenbar, wenn $b_{k+1} < \frac{\varrho}{\sqrt{2}}$ ist, was wir für genügend kleines λ voraussetzen dürfen. Von den erhaltenen einfachen Integralen ist aber das erste $o(b_{k+1})$, wenn für die Variablen $\mathbf{x}_k$ die LINDEBERGsche Bedingung erfüllt ist, was unsere Voraussetzung war; und das zweite ist gleich b_{k+1}^2, so daß der ganze Ausdruck die gewünschte Form $o(b_{k+1}) = o(\psi)$ erhält.

Was endlich die Voraussetzung A von § 1 betrifft, so ist sie im vorliegenden Spezialfall sicher erfüllt; denn bezeichnet man mit ε die kleinste der jeweiligen Streuungen $b_k (1 \leqq k \leqq n)$, so vergrößert sich mit Sicherheit die Koordinate t des wandernden Punktes in jedem einzelnen Schritt wenigstens um ε.

Somit sind alle Voraussetzungen des in § 1 bewiesenen Satzes erfüllt. Indem wir diesen Satz anwenden, erhalten wir, daß für $\lambda \to 0$ [also wenn η und μ in (L) unendlich klein werden] die Funktion $v_\lambda(x, y)$ im ganzen Gebiet G gegen diejenige Lösung der Gleichung (11) konvergiert, die den auf S. 55 aufgestellten Randbedingungen genügt.

Für $x = t = 0$ ergibt sich hieraus insbesondere unsere Behauptung. Dieser Satz war mittels einer anderen und direkteren Methode zuerst von KOLMOGOROFF [20] bewiesen; etwas später gab KOLMOGOROFF [21] einen anderen, auf der PETROWSKYschen Methode gegründeten Beweis, der jedoch von dem hier dargelegten wesentlich verschieden ist und insbesondere den Zusammenhang mit der zweidimensionalen Problematik nicht benutzt.

Fünftes Kapitel.

Der Satz vom iterierten Logarithmus.

§ 1. Summen zufälliger Variablen.

Die Fragestellung, die in diesem Kapitel behandelt werden soll, besitzt einen in gewisser Hinsicht elementareren Charakter als alle vorangehenden Betrachtungen; denn hier wird kein Verteilungsgesetz, sondern nur eine *Abschätzung* der in Frage kommenden zufälligen Variablen gesucht; es handelt sich somit um eine Aufgabe, die sich dem durch das *Gesetz der großen Zahlen* gekennzeichneten Problemkreis anschließt. Andererseits betrifft aber dieses Problem nicht den momentanen Zustand einer zufälligen Variablen, sondern den Gesamtverlauf ihrer Änderung, und steht daher in engstem Zusammenhang mit der Fragestellung, die wir soeben im vierten Kapitel behandelt haben. Zur genaueren Orientierung könnte man mit einigem Recht folgende Formel aufstellen: Der Satz vom iterierten Logarithmus, dessen Begründung den Inhalt dieses Kapitels bilden soll, steht im wesentlichen zum KOLMOGOROFFschen Satz, den wir im § 2 des vierten Kapitels bewiesen haben, in derselben Beziehung wie das Theorem von BERNOULLI zum LAPLACEschen Grenzwertsatz oder auch wie das Gesetz der großen Zahlen in seiner TCHEBYCHEFFschen Form zum allgemeinen LJAPOUNOFFschen Grenztheorem.

Betrachtet man eine Reihe $\mathbf{x}_1, \mathbf{x}_2, \ldots, \mathbf{x}_n, \ldots$ von gegenseitig unabhängigen zufälligen Variablen, deren Mittelwerte sämtlich verschwinden und deren Streuungen bzw. mit $b_1, b_2, \ldots, b_n, \ldots$ bezeichnet sein mögen, und setzt $\mathbf{s}_n = \sum_{k=1}^{n} \mathbf{x}_k$, $B_n = \sum_{k=1}^{n} b_k$, so lehrt das Gesetz der großen Zahlen im wesentlichen, daß unter gewissen das Wachstum von B_n betreffenden Einschränkungen $|\mathbf{s}_n|$ für große n mit erdrückender Wahrscheinlichkeit klein relativ zu n ausfallen muß. In den meisten und wichtigsten Fällen läßt sich diese Behauptung dahin verallgemeinern, daß auch die Wahrscheinlichkeit für das Eintreten *wenigstens einer* der Ungleichungen

$$|\mathbf{s}_{n+k}| > \varepsilon(n+k), \qquad (k = 0, 1, 2, \ldots)$$

wo ε eine beliebig kleine positive Zahl bedeutet, für große n beliebig klein wird. In vielen Anwendungen (physikalische Statistik, insbesondere das Ergodenproblem) ist es gerade diese Verschärfung („starkes Gesetz der großen Zahlen"), die die Hauptrolle spielt; ihre Bedeutung wurde zuerst von CANTELLI [4] erkannt, der sie auch begründet und eingehend diskutiert hat. Die für ihre Gültigkeit erforderlichen Voraussetzungen (insbesondere auch im Fall gegenseitig abhängiger Variablen) hat KHINTCHINE [15, 16] untersucht. Die in dieser Verschärfung enthaltene Behauptung kann offenbar auch so ausgedrückt werden, daß für $n \to \infty$ die Grenzrelation

$$\text{(1)} \qquad \mathbf{s}_n = o(n)$$

mit der Wahrscheinlichkeit 1 zu erwarten ist.

Zu den altbekannten Tatsachen zählt auch die Bemerkung, daß die Abschätzung (1) in den meisten und einfachsten Fällen (und vor allem im klassischen BERNOULLIschen Schema) wesentlich verschärft werden kann. Obwohl die diesbezüglichen Sätze meistenteils in zahlentheoretischer Einkleidung formuliert und bewiesen wurden, können sie doch ohne Zweifel als wahrscheinlichkeitstheoretische Behauptungen gelten, da die dazu benötigte Übertragung keiner neuen Beweismittel bedarf und lediglich eine Übersetzung in eine andere Terminologie bedeutet. Schon 1913 hat HAUSDORFF [10] für den BERNOULLIschen Fall die Abschätzung (1) durch die schärfere $\mathbf{s}_n = o\left(n^{\frac{1}{2}+\varepsilon}\right)$ ($\varepsilon > 0$ beliebig klein) ersetzen können, und 1914 haben HARDY und LITTLEWOOD [9] die Behauptung mit $\mathbf{s}_n = O\left(\sqrt{n\,lg\,n}\right)$ bewiesen. 1923 gab KHINTCHINE [11] die Verschärfung $\mathbf{s}_n = O\left(\sqrt{n\,lg\,lg\,n}\right)$, und 1924 entdeckte er [12], daß diese Abschätzung nicht weiter verschärft werden kann. Genauer ergab sich dabei (zunächst für das BERNOULLIsche Schema), daß die Wahrscheinlichkeit der Grenzrelation

$$\text{(2)} \qquad \limsup \frac{|\mathbf{s}_n|}{\sqrt{2B_n\,lg\,lg\,B_n}} = 1$$

gleich Eins ist, so daß die Funktion $\sqrt{2B_n\,lg\,lg\,B_n}$ in diesem präzisen Sinne als eine „scharfe obere Grenze" der zufälligen Summe $|\mathbf{s}_n|$ erscheint. 1926 hat KHINTCHINE [13] den Satz auf einige Fälle des sog. POISSONschen Schemas verallgemeinert, und 1929 erschien eine Arbeit von KOLMOGOROFF [17], in der die Behauptung unter sehr allgemeinen

Voraussetzungen bewiesen und die Beweisführung wesentlich vereinfacht wurde. Endlich hat 1931 P. LÉVY [22] einen neuen Beweis für den BERNOULLIschen Fall veröffentlicht und auch feinere diesbezügliche Untersuchungen für die einfachsten Schemata durchgeführt.

2. Wie an den meisten Stellen dieses Büchleins, wollen wir auch hier nicht die heutzutage größtmögliche Allgemeinheit anstreben; es wird vielmehr unser Ziel sein, die Beweismethoden möglichst klar hervortreten zu lassen. Dementsprechend setzen wir voraus, daß alle Variablen $\mathbf{x}_k$ die gleiche Streuung $b_k = 1$ haben, so daß $B_n = n$ wird, und daß die möglichen Werte aller Variablen absolut genommen unterhalb einer gewissen positiven Schranke μ liegen. Unter diesen Voraussetzungen gilt der Satz ganz allgemein.

Zu beweisen ist somit folgende Behauptung: *Für beliebig kleine* $\delta > 0$ *und* $\varepsilon > 0$ *und beliebig großes* N *läßt sich eine ganze positive Zahl* $n_0 > N$ *derart wählen, daß*:

1°. *die Wahrscheinlichkeit dafür, daß die Ungleichung*

$$|\mathbf{s}_n| > (1 + \delta)\sqrt{2n\,lg\,lg\,n}$$

für wenigstens ein $n \geqq n_0$ *erfüllt wird, kleiner als* ε und

2°. *die Wahrscheinlichkeit dafür, daß die Ungleichung*

$$|\mathbf{s}_n| > (1 - \delta)\sqrt{2n\,lg\,lg\,n}$$

für wenigstens ein $n \geqq n_0$ *zutrifft, größer als* $1 - \varepsilon$ *ist.*

Dem Beweise sollen einige Abschätzungen vorausgeschickt werden, die wir im wesentlichen der oben angeführten KOLMOGOROFFschen Abhandlung [17] entnehmen.

Hilfssatz 1. 1. Für $0 < x \leqq n/\mu$ ist[1] $W(\mathbf{s}_n > x) < e^{-\frac{x^2}{2n}\left(1 - \frac{x\mu}{2n}\right)}$;

2. für $x \geqq n/\mu$ ist $W(\mathbf{s}_n > x) < e^{-\frac{x}{4\mu}}$.

Beweis: a sei eine beliebige, den Ungleichungen $0 < a\mu \leqq 1$ genügende Zahl; wegen $|\mathbf{x}_k| < \mu$, $E(\mathbf{x}_k) = 0$ *, $E(\mathbf{x}_k^2) = 1$ ist

$$(3)\quad \begin{cases} E(e^{a\mathbf{x}_k}) = \sum\limits_{i=0}^{\infty} \frac{a^i}{i!} E(\mathbf{x}_k^i) < 1 + \sum\limits_{i=2}^{\infty} \frac{a^i \mu^{i-2}}{i!} \\ \quad = 1 + \frac{a^2}{2}\left\{1 + 2\sum\limits_{i=1}^{\infty} \frac{(a\mu)^i}{(i+2)!}\right\} \\ \quad < 1 + \frac{a^2}{2}\left\{1 + \sum\limits_{i=1}^{\infty}\left(\frac{a\mu}{3}\right)^i\right\} \leqq 1 + \frac{a^2}{2}\left(1 + \frac{a\mu}{2}\right) \\ \quad < e^{\frac{a^2}{2}\left(1 + \frac{a\mu}{2}\right)} \end{cases}$$

[1] $W(A)$ bedeutet die Wahrscheinlichkeit von A.

* $E(\mathbf{x})$ bedeutet die mathematische Erwartung der zufälligen Variablen $\mathbf{x}$.

und folglich wegen der gegenseitigen Unabhängigkeit der $\mathbf{x}_k$

$$E(e^{a\mathbf{s}_n}) = \prod_{k=1}^{n} E(e^{a\mathbf{x}_k}) < e^{\frac{a^2 n}{2}\left(1+\frac{a\mu}{2}\right)}.$$

Danach ergibt die TCHEBYCHEFFsche Ungleichung

$$W(\mathbf{s}_n > x) \leqq e^{-ax} E(e^{a\mathbf{s}_n}) < e^{-ax+\frac{a^2 n}{2}\left(1+\frac{a\mu}{2}\right)}.$$

Ist $0 < x \leqq n/\mu$, so wähle man $a = x/n$; das ergibt

$$W(\mathbf{s}_n > x) < e^{-\frac{x^2}{2n}\left(1-\frac{x\mu}{2n}\right)},$$

womit der erste Fall von Hilfssatz 1 erledigt ist; ist dagegen $x \geqq n/\mu$, so wähle man $a = 1/\mu$; das ergibt

$$W(\mathbf{s}_n > x) < e^{-\frac{x}{\mu}+\frac{3n}{4\mu^2}} \leqq e^{-\frac{x}{4\mu}},$$

womit auch die zweite Behauptung von Hilfssatz 1 bewiesen ist.

Hilfssatz 2. *Die Funktion $\chi(n)$ genüge den Bedingungen*

$$\frac{\chi(n)}{n} \to 0, \quad \frac{\chi(n)}{\sqrt{n}} \to +\infty \tag{4}$$

für $n \to \infty$; dann ist für beliebig kleines $\varepsilon > 0$ bei genügend großem n

$$e^{-\frac{\chi^2(n)}{2n}(1+\varepsilon)} < W(\mathbf{s}_n > \chi(n)) < e^{-\frac{\chi^2(n)}{2n}(1-\varepsilon)}.$$

Beweis: Die zweite dieser Ungleichungen folgt leicht aus Hilfssatz 1; denn wegen (4) ist für genügend großes n

$$\chi(n) < \frac{n}{\mu} \quad \text{und} \quad \frac{\chi(n)\mu}{2n} < \varepsilon$$

und folglich nach der ersten Behauptung von Hilfssatz 1

$$W(\mathbf{s}_n > \chi(n)) < e^{-\frac{\chi^2(n)}{2n}\left(1-\frac{\chi(n)\mu}{2n}\right)} < e^{-\frac{\chi^2(n)}{2n}(1-\varepsilon)}.$$

Der Beweis der ersten Ungleichung ist wesentlich umständlicher. Zunächst zeigt eine zu (3) analoge Schlußkette, daß für genügend kleines a

$$E(e^{a\mathbf{x}_k}) \geqq 1 + \frac{a^2}{2}\left(1 - \frac{a\mu}{2}\right)$$

ist; da aber für jedes $\alpha > 0$ die Abschätzung

$$1 + \alpha > e^{\alpha(1-\alpha)}$$

gilt, so folgt hieraus bei genügend kleinem a

$$E(e^{a\mathbf{x}_k}) > e^{\frac{a^2}{2}\left(1-\frac{a\mu}{2}-\frac{a^2}{2}\right)} > e^{\frac{a^2}{2}(1-\varkappa)},$$

wo $\varkappa$ eine feste beliebig klein wählbare positive Zahl bedeutet; demnach wird

(5) $$E(e^{a s_n}) \geqq e^{\frac{a^2 n}{2}(1-\varkappa)}.$$

Andererseits ist aber, $w(s_n > x) = F(x)$ gesetzt,

$$E(e^{a s_n}) = -\int e^{ax} dF(x) = a\int e^{ax} F(x)\,dx,$$

wie man leicht durch Produktintegration bestätigt[1]. Man zerlege nun den Integrationsweg in die fünf Teile $(-\infty, 0)$, $(0, an(1-\delta))$, $(an(1-\delta), an(1+\delta))$, $(an(1+\delta), 8an)$, $(8an, +\infty)$, wo δ eine später näher zu bestimmende (kleine) positive Zahl bedeutet; die entsprechenden Integralteile bezeichne man bzw. mit J_1, J_2, J_3, J_4, J_5, so daß

$$E(e^{a s_n}) = a(J_1 + J_2 + J_3 + J_4 + J_5)$$

wird. Hierin ist

(6) $$aJ_1 = a\int^{0} e^{ax} F(x)\,dx < a\int^{0} e^{ax}\,dx = 1.$$

Ferner ist für genügend kleines a und $x \geqq 8an$ nach Hilfssatz 1 im Fall $x \geqq n/\mu$

$$F(x) < e^{-\frac{x}{4\mu}} < e^{-2ax}$$

und im Fall $x < n/\mu$

$$F(x) < e^{-\frac{x^2}{2n}\left(1-\frac{x\mu}{2n}\right)} \leqq e^{-\frac{x^2}{4n}} \leqq e^{-2ax};$$

das ergibt

(7) $$aJ_5 = a\int_{8an} e^{ax} F(x)\,dx < a\int_{8an} e^{-ax}\,dx < 1.$$

Auf den beiden Strecken $(0, an(1-\delta))$ und $(an(1+\delta), 8an)$ ist für genügend kleines a

$$x < n/\mu$$

und folglich nach der ersten Behauptung von Hilfssatz 1

$$F(x) < e^{-\frac{x^2}{2n}\left(1-\frac{\mu x}{2n}\right)}.$$

Deswegen wird der Integrand daselbst kleiner als

$$e^{ax-\frac{x^2}{2n}\left(1-\frac{\mu x}{2n}\right)} < e^{ax-\frac{x^2}{2n}(1-4a\mu)} = e^{\psi(x)}.$$

Nun hat die Parabel $y = \psi(x)$ ihren Scheitel bei $x = na/(1-4\mu a)$; bei genügend kleinem a fällt dieser Punkt in das Intervall

$$[na(1-\delta), na(1+\delta)];$$

folglich ist

$$aJ_2 = a\int_0^{an(1-\delta)} e^{ax} F(x)\,dx < a\int_0^{an(1-\delta)} e^{\psi(x)}\,dx < a^2 n(1-\delta)\, e^{\psi[an(1-\delta)]},$$

[1] Konvergenzfragen treten dabei wegen der vorausgesetzten Endlichkeit der Verteilung selbstverständlich nicht auf.

oder, wegen der für genügend kleines a geltenden Abschätzung

$$\psi[a\,n(1-\delta)] = a^2 n(1-\delta) - \frac{a^2 n}{2}(1-\delta)^2(1-4\mu a)$$
$$= \frac{a^2 n}{2}(1-\delta)[1+\delta+4\mu a-4\mu a\delta] < \frac{a^2 n}{2}\left(1-\frac{1}{2}\delta^2\right),$$

(8) $$a J_2 < a^2 n\, e^{\frac{a^2 n}{2}\left(1-\frac{1}{2}\delta^2\right)};$$

und auf analoge Weise ergibt sich

(9) $$\begin{cases} a J_4 = a\int\limits_{a n(1+\delta)}^{8 a n} e^{a x} F(x)\,dx < a\int\limits_{a n(1+\delta)}^{8 a n} e^{\psi(x)}\,dx \\ < 8a^2 n\, e^{\psi[a n(1+\delta)]} < 8a^2 n\, e^{\frac{a^2 n}{2}\left(1-\frac{1}{2}\delta^2\right)}. \end{cases}$$

Aus (8) und (9) folgt

(10) $$a(J_2+J_4) < 9a^2 n\, e^{\frac{a^2 n}{2}\left(1-\frac{1}{2}\delta^2\right)}.$$

Setzt man nun $a = \frac{\chi(n)}{n(1-\delta)}$, so wird a tatsächlich für genügend großes n beliebig klein; und wählt man ferner $\delta = 2\sqrt{\varkappa}$, so folgt aus (10) wegen (5)

$$a(J_2+J_4) < 9a^2 n\, e^{-\frac{a^2 n\delta^2}{8}}\, e^{\frac{a^2 n}{2}(1-\varkappa)} \leqq 9a^2 n\, e^{-\frac{a^2 n\delta^2}{8}} E(e^{a\,\mathbf{s}_n});$$

und da wegen (4) der Faktor

$$9a^2 n\, e^{-\frac{a^2 n\delta^2}{8}} = \frac{9\chi^2(n)}{n(1-\delta)^2}\, e^{-\frac{\chi^2(n)\,\delta^2}{8n(1-\delta)^2}}$$

für $n\to\infty$ unendlich klein wird, ist für genügend großes n

(11) $$a(J_2+J_4) < \tfrac{1}{4}E(e^{a\,\mathbf{s}_n}).$$

Man ersieht aus (5), daß $E(e^{a\,\mathbf{s}_n})$ für $n\to\infty$ unendlich groß wird; die Ungleichungen (6) und (7) ergeben deswegen für alle genügend großen n

(12) $$a(J_1+J_5) < 2 < \tfrac{1}{4}E(e^{a\,\mathbf{s}_n});$$

endlich folgt offenbar aus (11) und (12) wegen (5)

$$a J_3 = a\int\limits_{a n(1-\delta)}^{a n(1+\delta)} e^{a x}F(x)\,dx > \tfrac{1}{2}E(e^{a\,\mathbf{s}_n}) > \tfrac{1}{2}e^{\frac{a^2 n}{2}(1-\varkappa)}$$

und a fortiori für genügend großes n

$$\tfrac{1}{2}e^{\frac{a^2 n}{2}(1-\varkappa)} < a\, e^{a^2 n(1+\delta)} F[a\,n(1-\delta)]\, 2a\,n\,\delta,$$
$$F[a\,n(1-\delta)] = F[\chi(n)] = W(\mathbf{s}_n > \chi(n))$$
$$> \frac{1}{4a^2 n\delta}\, e^{-\frac{a^2 n}{2}(1+\varkappa+2\delta)} > e^{-\frac{a^2 n}{2}(1+2\varkappa+2\delta)},$$

da für $n \to \infty$ wegen (4)

$$\lim \frac{1}{4a^2 n\delta} e^{\frac{a^2 n \varkappa}{2}} = \infty$$

ist. Somit wird, immer für genügend großes n,

$$W(\mathbf{s}_n > \chi(n)) > e^{-\frac{\chi^2(n)}{2n} \frac{1+2\varkappa+2\delta}{(1-\delta)^2}};$$

und da bei geeigneter Wahl von $\varkappa$ wegen $\delta = 2\sqrt{\varkappa}$ der Bruch

$$\frac{(1+2\varkappa+2\delta)}{(1-\delta)^2}$$

kleiner als $1+\varepsilon$ wird, so folgt

$$W(\mathbf{s}_n > \chi(n)) > e^{-\frac{\chi^2(n)}{2n}(1+\varepsilon)},$$

womit auch die erste behauptete Ungleichung bewiesen ist.

Hilfssatz 3 *. Man setze $\boldsymbol{S}_n = \text{Max}\{\mathbf{s}_1, \mathbf{s}_2, \ldots, \mathbf{s}_n\}$. Dann ist für alle x

$$W(\boldsymbol{S}_n > x) \leqq 2W(\mathbf{s}_n > x - \sqrt{2n}).$$

Beweis: Man bezeichne mit $A_k (k = 1, 2, \ldots, n)$ das durch die Ungleichungen

$$\mathbf{s}_i \leqq x, \qquad (1 \leqq i < k)$$

$$\mathbf{s}_k > x$$

gekennzeichnete Ereignis. Offenbar schließen $A_1, A_2, \ldots, A_n$ einander aus, und eines von diesen Ereignissen muß eintreten, wenn $\boldsymbol{S}_n > x$ ist. Bezeichnet man allgemein mit $E_A(\boldsymbol{z})$ die durch das Ereignis A bedingte mathematische Erwartung der zufälligen Variablen $\boldsymbol{z}$, so ist wegen der gegenseitigen Unabhängigkeit der $\mathbf{x}_k$

$$E_{A_k}[(\mathbf{s}_n - \mathbf{s}_k)^2] = E[(\mathbf{s}_n - \mathbf{s}_k)^2] = n - k < n \qquad (1 \leqq k \leqq n)$$

und folglich nach der TCHEBYCHEFFschen Ungleichung

$$W_{A_k}(|\mathbf{s}_n - \mathbf{s}_k| \geqq \sqrt{2n}) \leqq \tfrac{1}{2}$$

und demnach a fortiori

$$W_{A_k}(\mathbf{s}_n - x \leqq -\sqrt{2n}) \leqq W_{A_k}(\mathbf{s}_n - \mathbf{s}_k \leqq -\sqrt{2n}) \leqq \tfrac{1}{2}$$

oder

$$W_{A_k}(\mathbf{s}_n > x - \sqrt{2n}) \geqq \tfrac{1}{2}. \qquad (k = 1, 2, \ldots, n)$$

Folglich wird

$$W(\mathbf{s}_n \geqq x - \sqrt{2n}) \geqq \sum_{k=1}^{n} W(A_k)\, W_{A_k}(\mathbf{s}_n \geqq x - \sqrt{2n})$$

$$\geqq \tfrac{1}{2} \sum_{k=1}^{n} W(A_k) = \tfrac{1}{2} W(\boldsymbol{S}_n > x),$$

w. z. b. w.

* Dieser elementare Hilfssatz bildet den Kern der KOLMOGOROFFschen Beweisanordnung.

3. Wir wenden uns nun zum Beweise des Hauptsatzes. Es sei τ eine später näher zu bestimmende (kleine) positive Zahl, und n_k bedeute die kleinste $(1+\tau)^k$ übertreffende ganze Zahl; man setze ferner $\chi(n) = \sqrt{2nlglgn}$, wodurch die Voraussetzungen (4) von Hilfssatz 2 offenbar erfüllt sind. Bedeuten ε und γ beliebig kleine positive Zahlen, so ist demnach für genügend großes k

$$(13)\quad \begin{cases} W\left(\mathbf{s}_{n_k} > (1+\gamma)\chi(n_k) - \sqrt{2n_k}\right) < W\left(\mathbf{s}_{n_k} > \left(1+\frac{\gamma}{2}\right)\chi(n_k)\right) \\ \qquad < e^{-\frac{\chi^2(n_k)}{2n_k}(1-\varepsilon)\left(1+\frac{\gamma}{2}\right)^2} = \dfrac{1}{(lg\,n_k)^{(1-\varepsilon)\left(1+\frac{\gamma}{2}\right)^2}} \\ \qquad < \dfrac{1}{k^{(1-\varepsilon)\left(1+\frac{\gamma}{2}\right)^2}\{\lg(1+\tau)\}^{(1-\varepsilon)\left(1+\frac{\gamma}{2}\right)^2}} = \dfrac{C_1}{k^{1+\lambda}}, \end{cases}$$

wo $\lambda = (1-\varepsilon)\left(1+\frac{\gamma}{2}\right)^2 - 1$ für genügend kleines ε positiv ist und $C_1 = C_1(\tau, \varepsilon, \gamma)$ eine von k unabhängige positive Größe bedeutet. Bezeichnet man nun mit σ_k das Maximum von $\mathbf{s}_n$ für $n_{k-1}+1 \leqq n \leqq n_k$, so ist offenbar $\sigma_k \leqq \mathbf{S}_{n_k}$ und folglich nach Hilfssatz 3

$$W(\sigma_k > (1+\gamma)\chi(n_k)) \leqq W(\mathbf{S}_{n_k} > (1+\gamma)\chi(n_k))$$
$$\leqq 2W\left(\mathbf{s}_{n_k} > (1+\gamma)\chi(n_k) - \sqrt{2n_k}\right) < \frac{2C_1}{k^{1+\lambda}}.$$

Ist ferner δ beliebig positiv und bedeutet V_k die Wahrscheinlichkeit dafür, daß wenigstens eine von den Ungleichungen

$$\mathbf{s}_n > (1+\delta)\chi(n) \qquad (n > n_k)$$

erfüllt wird, so ist offenbar

$$(14)\qquad V_k \leqq \sum_{j=k+1}^{\infty} W(\sigma_j > (1+\delta)\chi(n_{j-1}));$$

wegen

$$\lim_{j\to\infty} \frac{\chi(n_j)}{\chi(n_{j-1})} = \sqrt{1+\tau}$$

ist aber für genügend großes j

$$(15)\qquad \chi(n_{j-1}) > \frac{\chi(n_j)}{\sqrt{1+2\tau}}.$$

Wählt man demnach $\gamma < \delta$ und τ so klein, daß

$$\frac{1+\delta}{\sqrt{1+2\tau}} > 1+\gamma$$

ausfällt, so folgt aus (14) und (15) für genügend großes k

$$V_k \leqq \sum_{j=k+1}^{\infty} W(\sigma_j > (1+\gamma)\chi(n_j)) < 2C_1 \sum_{j=k+1}^{\infty} \frac{1}{j^{1+\lambda}}$$

und infolgedessen

$$\lim_{k \to \infty} V_k = 0,$$

womit die erste Behauptung des Satzes bewiesen ist.

Um nun auch die zweite Behauptung zu beweisen, wählen wir eine (große) ganze positive Zahl A, die wieder später näher bestimmt werden soll. Bezeichnet man mit u_k die Wahrscheinlichkeit dafür, daß alle Ungleichungen

$$(16) \qquad \begin{cases} |\mathbf{s}_{A^i}| \leqq (1-\delta)\,\chi(A^i), & (1 \leqq i < k) \\ |\mathbf{s}_{A^k}| > (1-\delta)\,\chi(A^k) \end{cases}$$

erfüllt werden, und mit U_k die Wahrscheinlichkeit dafür, daß wenigstens eine von den Ungleichungen

$$|\mathbf{s}_{A^i}| > (1-\delta)\,\chi(A^i) \qquad (1 \leqq i \leqq k)$$

erfüllt wird, so ist offenbar für alle $m \geqq 1$

$$(17) \qquad U_m = \sum_{k=1}^{m} u_k.$$

Ferner ist nach Hilfssatz 2 für $0 < \gamma < 1$, $\varepsilon > 0$ und genügend großes k

$$(18) \qquad \begin{cases} v_k = W(\mathbf{s}_{A^k} - \mathbf{s}_{A^{k-1}} > (1-\gamma)\,\chi(A^k - A^{k-1})) \\ \quad > e^{-(1+\varepsilon)(1-\gamma)^2 \frac{\chi^2(A^k - A^{k-1})}{2(A^k - A^{k-1})}} \\ \quad = \dfrac{1}{\{lg(A^k - A^{k-1})\}^{1-\lambda}} > \dfrac{C_2}{k^{1-\lambda}}, \end{cases}$$

wo $\lambda = 1 - (1-\gamma)^2(1+\varepsilon)$ für genügend kleines ε positiv und $C_2 = C_2(A, \varepsilon, \gamma)$ von k unabhängig ist. Von den Ungleichungen

$$(19) \qquad \begin{cases} |\mathbf{s}_{A^i}| \leqq (1-\delta)\,\chi(A^i), & (1 \leqq i < k) \\ \mathbf{s}_{A^k} - \mathbf{s}_{A^{k-1}} > (1-\gamma)\,\chi(A^k - A^{k-1}) \end{cases}$$

bedeutet aber die letzte ein Ereignis, das von den übrigen unabhängig ist; folglich ist $v_k(1 - U_{k-1})$ die Wahrscheinlichkeit dafür, daß alle Ungleichungen (19) erfüllt werden. Ist nun $\gamma < \delta$ und A genügend groß, so folgt (16) aus (19); denn es ist, falls das System (19) erfüllt ist,

$$\mathbf{s}_{A^k} > (1-\gamma)\,\chi(A^k - A^{k-1}) + \mathbf{s}_{A^{k-1}} \geqq (1-\gamma)\,\chi(A^k - A^{k-1}) - (1-\delta)\,\chi(A^{k-1})$$

$$= (1-\gamma)\sqrt{2A^k\left(1-\frac{1}{A}\right)\lg\lg A^k\left(1-\frac{1}{A}\right)} - \frac{1-\delta}{\sqrt{A}}\sqrt{2A^k \lg\lg \frac{A^k}{A}}$$

$$= \left\{(1-\gamma)\,[1+\varepsilon_1(A)] - \frac{1-\delta}{\sqrt{A}}\,[1+\varepsilon_2(A)]\right\}\chi(A^k),$$

wo $\lim_{A \to \infty} \varepsilon_1(A) = \lim_{A \to \infty} \varepsilon_2(A) = 0$ ist. Wegen $\gamma < \delta$ ist folglich für genügend großes A

$$\mathbf{s}_{A^k} > (1-\delta)\,\chi(A^k),$$

womit unsere Behauptung bewiesen ist; demnach wird, wenn man noch $U_0 = 0$ setzt,

$$v_k(1 - U_{k-1}) \leqq u_k = U_k - U_{k-1} \qquad (k = 1, 2, \ldots)$$

oder

$$1 - U_k \leqq (1 - U_{k-1})(1 - v_k) \qquad (k = 1, 2, \ldots)$$

und folglich

(20) $$1 - U_k \leqq \prod_{j=1}^{k} (1 - v_j). \qquad (k = 1, 2, \ldots)$$

Nach der Abschätzung (18) divergiert $\sum_{k=1}^{\infty} v_k$, und infolgedessen ergibt (20)

$$\lim_{k \to \infty} U_k = 1.$$

Mit einer Wahrscheinlichkeit $> 1 - \varepsilon$ ist demnach zu erwarten, daß von den Ungleichungen $$|\mathbf{s}_{A^i}| > (1 - \delta)\, \chi(A^i) \qquad (1 \leqq i \leqq n)$$ wenigstens eine erfüllt sein wird, wenn nur n hinreichend groß ist. Da die Zahl A dabei beliebig groß gewählt werden darf, so ist hiermit auch die zweite Hälfte des Satzes bewiesen.

§ 2. Stetiger stochastischer Prozeß.

4. Im ersten Kapitel (§ 2) haben wir gesehen, daß ein homogener stochastischer Prozeß unter gewissen Stetigkeitsvoraussetzungen immer die GAUSS-LAPLACEsche Form annehmen muß. Es liegt daher nahe, zu versuchen, auch für diesen Fall, der als kontinuierlicher Grenzfall des LAPLACE-TCHEBYCHEFFschen Problems aufgefaßt werden kann, ein Analogon zum Satz vom iterierten Logarithmus zu begründen, um so mehr, als die ganze im vorstehenden Paragraphen dargelegte Beweisführung von einer angenäherten Darstellung der betreffenden Wahrscheinlichkeitsverteilung durch die GAUSSsche Funktion ausging (vgl. Hilfssatz 2). In der Tat werden wir sogleich sehen, daß sich der Beweis für den kontinuierlichen Fall sogar wesentlich einfacher gestaltet, indem die im vorstehenden Paragraphen mit einiger Mühe erzielten asymptotischen Abschätzungen hier von vornherein als exakte Gleichungen gelten.

Es entsteht aber bei der Behandlung des stetigen Prozesses eine eigenartige Schwierigkeit prinzipieller Natur, die von Anfang an überwunden werden muß. Im einfachsten Fall, den wir hier betrachten wollen, liegt die Sache wie folgt: Ein beweglicher Punkt, der zur Zeit $t = 0$ die Abszisse $\mathbf{x} = 0$ hat, unterliegt zufallsmäßigen Lagenänderungen von solcher Art, daß für einen beliebigen späteren Zeitpunkt t seine Abszisse $\mathbf{x}$ eine Wahrscheinlichkeitsverteilung von der Dichte

(21) $$\frac{1}{\sqrt{2\pi t}}\, e^{-\frac{x^2}{2t}}$$

besitzt. Bedeutet $\chi(t)$ eine beliebige positive Funktion der Zeit, so lautet die uns hier beschäftigende Fragestellung: *Wie groß ist die Wahrscheinlichkeit dafür, daß innerhalb einer bestimmten Zeitstrecke $T_1 < t < T_2$ wenigstens einmal die Ungleichung $|\mathbf{x}| > \chi(t)$ erfüllt wird?* Nun ist aber klar, daß die fragliche Wahrscheinlichkeit einen Begriff bildet, der durch die vorliegende Problemstellung noch in keiner Weise definiert ist; denn es handelt sich um eine kontinuierliche (also nichtabzählbare)

Menge von Ereignissen, von denen wenigstens eines erfüllt sein soll; und die allgemeinen Prinzipien der Wahrscheinlichkeitsrechnung geben, auch in ihrer modernsten Fassung, keinen Anhaltspunkt für die allgemeine Definition einer derartigen Wahrscheinlichkeit; es handelt sich hier im Grunde um einen gewissen Raum von „zufälligen Funktionen" (möglichen Prozeßablaufen), in welchem eine bestimmte Wahrscheinlichkeitsverteilung (Maßdefinition) festgestellt werden soll, was bekanntlich auf mancherlei prinzipielle Schwierigkeiten stößt.

Für den uns unmittelbar beschäftigenden Fall können wir uns aber mit einer Definition der fraglichen Wahrscheinlichkeit begnügen, die trotz ihrer außerordentlichen Einfachheit allen Anforderungen zu genügen scheint, und die nötigenfalls auch durch tiefer liegende Untersuchungen gerechtfertigt werden könnte. Es sei S eine ganz beliebige *endliche* Menge von Zeitpunkten, die sämtlich der Strecke $T_1 < t < T_2$ angehören, und $\overline{W}_S$ sei die Wahrscheinlichkeit dafür, daß die Ungleichung

$$|\boldsymbol{x}| > \chi(t) \tag{22}$$

in wenigstens einem von diesen Zeitpunkten erfüllt wird. *Als Wahrscheinlichkeit dafür, daß die Ungleichung* (22) *wenigstens einmal während der Zeitstrecke* $T_1 < t < T_2$ *erfüllt wird, definieren wir die obere Schranke* $\overline{W}$ *von* $\overline{W}_S$ *für alle möglichen Wahlen des Systems* S. Wenn wir andererseits mit $\underline{W}_S$ die Wahrscheinlichkeit dafür bezeichnen, daß in *keinem* Zeitpunkt der Menge S die Ungleichung (22) stattfindet und die untere Schranke $\underline{W}$ aller $\underline{W}_S$ als die Wahrscheinlichkeit dafür deuten, daß während der ganzen Zeitstrecke $T_1 < t < T_2$ die umgekehrte Ungleichung $|\boldsymbol{x}| \leqq \chi(t)$ gilt, so ist offenbar die notwendige Beziehung $\overline{W} + \underline{W} = 1$ erfüllt.

Die sachliche Zulässigkeit dieser einfachen Definition beruht im vorliegenden Fall selbstverständlich auf dem stetigen Charakter des betrachteten Prozesses; ihre Zweckmäßigkeit äußert sich darin, daß mit ihrer Hilfe das kontinuierliche Analogon zum KOLMOGOROFFschen Hilfssatz 3 des vorstehenden Paragraphen mit Leichtigkeit bewiesen werden kann. Es gilt nämlich folgender

Hilfssatz 4. Ist $\boldsymbol{x}(t)$ die Abszisse eines in einem gemäß (22) verlaufenden stetigen stochastischen Prozeß begriffenen Punktes zur Zeit t und bedeutet $\boldsymbol{X}(T)$ die obere Schranke von $\boldsymbol{x}(t)$ für $0 \leqq t \leqq T$, so ist für jedes x

$$W\{\boldsymbol{X}(T) > x\} \leqq 2W\{\boldsymbol{x}(T) > x - \sqrt{2T}\}. \tag{23}$$

Beweis: Wählt man auf der Strecke $(0, T)$ eine ganz beliebige endliche Punktreihe

$$0 = t_0 < t_1 < t_2 < \cdots < t_{n-1} < t_n = T$$

heraus und setzt

$$\boldsymbol{x}_k = \boldsymbol{x}(t_k) - \boldsymbol{x}(t_{k-1}), \qquad (k = 1, 2, \ldots, n)$$

so bilden die $\boldsymbol{x}_k$ eine endliche Reihe von gegenseitig unabhängigen zufälligen Variablen; setzt man noch $\boldsymbol{X}_n(T) = \text{Max}\{\boldsymbol{x}(t_1), \boldsymbol{x}(t_2), \ldots, \boldsymbol{x}(t_n)\}$, so ist nach Hilfssatz 3

$$W\{\mathbf{X}_n(T) > x\} \leqq 2W\{\mathbf{x}(T) > x - \sqrt{2T}\},$$

und da nach Definition $W\{\mathbf{X}(T) > x\}$ die obere Schranke der Größen $W\{\mathbf{X}_n(T) > x\}$ für alle möglichen Wahlen der Punkte $t_1, t_2, \ldots, t_{n-1}$ ist, so folgt hieraus, daß tatsächlich die Ungleichung (23) erfüllt ist.

5. Nun sei $\mathbf{x}(t)$ eine zufällige Variable, die sich in einem gemäß (21) verlaufenden stochastischen Prozeß befindet. Wir wollen beweisen, daß die Wahrscheinlichkeit der Grenzbeziehung

$$\limsup_{t\to\infty} \frac{|\mathbf{x}(t)|}{\sqrt{2t\lg\lg t}} = 1$$

gleich Eins ist. Präziser ausgedrückt bedeutet das die folgenden beiden Behauptungen:

1°. *für jedes Zahlenpaar* $\varepsilon > 0$, $\delta > 0$ *läßt sich ein* $T > 0$ *derart angeben, daß für alle* $T' > 0$

$$W\left\{\max_{T<t<T+T'} \frac{|\mathbf{x}(t)|}{\sqrt{2t\lg\lg t}} > 1+\delta\right\} < \varepsilon$$

ist;

2°. *für jedes Zahlenpaar* $\varepsilon > 0$, $\delta > 0$ *und jedes noch so große* $T > 0$ *läßt sich eine Zahl* $T_1 > T$ *derart angeben, daß*

$$W\left\{\max_{T<t<T_1} \frac{|\mathbf{x}(t)|}{\sqrt{2t\lg\lg t}} < 1-\delta\right\} < \varepsilon$$

ist.

Beweis: Es sei τ eine (kleine) positive Zahl, die später näher bestimmt werden soll, und man setze

$$t_m = (1+\tau)^m. \qquad (m = 0, 1, 2, \ldots)$$

Nach Hilfssatz 4 ist für jedes $\gamma > 0$, wenn $\chi(t) = \sqrt{2t\lg\lg t}$ gesetzt wird,

$$W\{\mathbf{X}(t_m) > (1+\gamma)\,\chi(t_m)\} \leqq 2W\{\mathbf{x}(t_m) > (1+\gamma)\sqrt{2t_m\lg\lg t_m} - \sqrt{2t_m}\}$$

und a fortiori für genügend großes m *

$$(24)\quad \left\{\begin{aligned} &W\{\mathbf{X}(t_m) > (1+\gamma)\,\chi(t_m)\} \leqq 2W\left\{\mathbf{x}(t_m) > \left(1+\frac{\gamma}{2}\right)\chi(t_m)\right\} \\ &= \frac{2}{\sqrt{2\pi t_m}}\int_{\left(1+\frac{\gamma}{2}\right)\chi(t_m)}^{\infty} e^{-\frac{u^2}{2t_m}}\,du = \frac{2}{\sqrt{\pi}}\int_{\left(1+\frac{\gamma}{2}\right)\frac{\chi(t_m)}{\sqrt{2t_m}}}^{\infty} e^{-z^2}\,dz < e^{-\left(1+\frac{\gamma}{2}\right)^2\frac{\chi^2(t_m)}{2t_m}} = \frac{C_1}{m^{1+\lambda}}, \end{aligned}\right.$$

wo $C_1 > 0$ und $\lambda > 0$ von m unabhängig sind. Wird $\gamma < \delta$ gewählt, so ist aber bei genügend kleinem τ für große m

$$\begin{aligned}(1+\gamma)\,\chi(t_m) &= (1+\gamma)\sqrt{1+\tau}\sqrt{2(1+\tau)^{m-1}\lg\lg(1+\tau)^m} \\ &< (1+\delta)\sqrt{2(1+\tau)^{m-1}\lg\lg(1+\tau)^{m-1}} = (1+\delta)\,\chi(t_{m-1});\end{aligned}$$

folglich ergibt (24) a fortiori

$$(25)\qquad W\{\mathbf{X}(t_m) > (1+\delta)\,\chi(t_{m-1})\} < \frac{C_1}{m^{1+\lambda}}.$$

* Bekanntlich ist für $a > 0$ $\int_a^{\infty} e^{-z^2}\,dz < e^{-a^2}$.

Nun ist aber offenbar

$$\operatorname*{Max}_{t_{m-1}\leqq t\leqq t_m} \frac{\boldsymbol{x}(t)}{\chi(t)} \leqq \operatorname*{Max}_{t_{m-1}\leqq t\leqq t_m} \frac{\boldsymbol{x}(t)}{\chi(t_{m-1})} \leqq \frac{\boldsymbol{X}(t_m)}{\chi(t_{m-1})};$$

infolgedessen ist[1] für genügend große $m_1, m_2 (m_1 < m_2)$

$$W\left\{\operatorname*{Max}_{t_{m_1}\leqq t\leqq t_{m_2}} \frac{\boldsymbol{x}(t)}{\chi(t)} > 1+\delta\right\} \leqq \sum_{m=m_1+1}^{m_2} V_m < C_1 \sum_{m=m_1+1}^{m_2} \frac{1}{m^{1+\lambda}};$$

da die rechte Seite für genügend großes m_1 gleichmäßig in bezug auf m_2 beliebig klein wird und da offenbar die analoge Ungleichung für negative Werte von $\boldsymbol{x}(t)$ auf ganz ähnliche Weise begründet werden kann, so ist dadurch der Beweis der Behauptung 1° unseres Satzes erbracht.

Um auch die Behauptung 2° zu beweisen, bezeichnen wir mit u_m die Wahrscheinlichkeit dafür, daß alle Ungleichungen

$$\left\{\begin{array}{ll} |\boldsymbol{x}(T^i)| \leqq (1-\delta)\,\chi(T^i), & (1\leqq i<m) \\ |\boldsymbol{x}(T^m)| > (1-\delta)\,\chi(T^m) & \end{array}\right. \tag{27}$$

erfüllt werden (T bedeutet die in der Behauptung 2° enthaltene Zahl[2]); dann ist offenbar $U_m = \sum_{k=1}^{m} u_k$ die Wahrscheinlichkeit dafür, daß von den Ungleichungen

$$|\boldsymbol{x}(T^i)| > (1-\delta)\,\chi(T^i) \qquad (i = 1, 2, \ldots, m) \tag{28}$$

wenigstens eine erfüllt wird. Ist nun γ eine beliebige positive Zahl <1, so ist für $k \geqq 1$

$$\begin{aligned} &W\{\boldsymbol{x}(T^k) - \boldsymbol{x}(T^{k-1}) > (1-\gamma)\,\chi(T^k - T^{k-1})\} \\ &= \frac{1}{\sqrt{2\pi(T^k - T^{k-1})}} \int_{(1-\gamma)\,\chi(T^k - T^{k-1})}^{\infty} e^{-\frac{u^2}{2(T^k - T^{k-1})}}\,du \\ &> \frac{1}{\sqrt{2\pi(T^k - T^{k-1})}} \int_{(1-\gamma)\,\chi(T^k - T^{k-1})}^{\left(1-\frac{\gamma}{2}\right)\chi(T^k - T^{k-1})} e^{-\frac{u^2}{2(T^k - T^{k-1})}}\,du \\ &> \frac{1}{\sqrt{2\pi(T^k - T^{k-1})}}\,\frac{\gamma}{2}\,\chi(T^k - T^{k-1})\, e^{-\frac{\left(1-\frac{\gamma}{2}\right)^2 \chi^2(T^k - T^{k-1})}{2(T^k - T^{k-1})}} \\ &= \frac{\gamma}{2\sqrt{\pi}}\,\frac{\sqrt{\lg\lg(T^k - T^{k-1})}}{\{\lg(T^k - T^{k-1})\}^{\left(1-\frac{\gamma}{2}\right)^2}} \end{aligned}$$

[1] Man sieht unmittelbar ein, daß die neue Wahrscheinlichkeitsdefinition diesen Schluß erlaubt.

[2] Dabei wird, ohne die Allgemeinheit zu beschränken, $T > 1$ angenommen.

und folglich für genügend großes T und alle $k \geqq 1$

$$(29)\quad V_k = W\{\mathbf{x}(T^k) - \mathbf{x}T^{k-1}) > (1-\gamma)\,\chi(T^k - T^{k-1})\} > \frac{C_2}{k^{1-\mu}},$$

wo $C_2 > 0$ und $\mu > 0$ von k unabhängig sind.

Nachdem diese Abschätzung gewonnen ist, läßt sich der Beweis ganz wie in **3** vollenden. Im System

$$(30)\quad \begin{cases} |\mathbf{x}(T^i)| \leqq (1-\delta)\,\chi(T^i), & (1 \leqq i < m) \\ \mathbf{x}(T^m) - \mathbf{x}(T^{m-1}) > (1-\gamma)\,\chi(T^m - T^{m-1}) \end{cases}$$

ist die letzte Ungleichung von den übrigen stochastisch unabhängig, so daß die Wahrscheinlichkeit des Systems (30) $V_m(1 - U_{m-1})$ ist; andererseits ist aber für $\gamma < \delta$ und genügend großes T (27) eine Folge von (30), wie der Leser ohne Mühe nach dem Muster des analogen Schlusses in **3** nachrechnen kann. Folglich ist, $U_0 = 0$ gesetzt, für $m \geqq 1$

$$u_m \geqq V_m(1 - U_{m-1})$$

oder

$$1 - U_m < \prod_{j=1}^{m}(1 - V_j);$$

und da wegen (29) die Reihe $\sum\limits_{1}^{\infty} V_m$ divergiert, folgt hieraus

$$\lim_{m\to\infty} U_m = 1.$$

Mit einer Wahrscheinlichkeit $> 1 - \varepsilon$ darf man demnach für genügend große T und m erwarten, daß von den Ungleichungen (28) wenigstens eine erfüllt wird; das hat aber

$$\operatorname*{Max}_{T \leqq t \leqq T^m} \frac{|\mathbf{x}(t)|}{\sqrt{2t\lg\lg t}} > 1 - \delta$$

zur Folge; und da offenbar T in der Behauptung 2° beliebig groß angenommen werden darf, so ist auch diese Behauptung bewiesen.

§ 3. Der lokale Satz vom iterierten Logarithmus.

6. Die Betrachtungen dieses Paragraphen beziehen sich wiederum auf den einfachsten Fall eines stetigen stochastischen Prozesses. Die Wanderung soll wie früher mit $\mathbf{x} = t = 0$ beginnen, und für jeden späteren Zeitpunkt t sei das Verteilungsgesetz der Abszisse durch die Dichte

$$\frac{1}{\sqrt{2\pi t}}\, e^{-\frac{x^2}{2t}}$$

geliefert. Im vorstehenden Paragraphen haben wir uns mit dem erwartungsmäßigen Verhalten von $\mathbf{x}$ für große Zeitintervalle befaßt; hier wollen wir dagegen den Verlauf des Prozesses sozusagen in statu nascendi, d. h. in der allernächsten Umgebung von $t = 0$, in Betracht ziehen (selbstverständlich gilt wegen der Homogenität des Prozesses jede lokale Kennzeichnung, die wir hierbei für den Zeitpunkt $t = 0$ gewinnen, in unveränderter Form auch für jeden anderen Zeitpunkt). Wir werden sehen, daß zwischen diesen beiden Fragestellungen eine weitgehende Analogie besteht.

Ist $\varphi(t)$ eine für genügend kleines $t > 0$ definierte positive stetige Funktion und τ eine (kleine) positive Zahl, so fragen wir nach der Wahrscheinlichkeit dafür, daß innerhalb der Zeitstrecke $0 \leqq t \leqq \tau$ wenigstens einmal $|\boldsymbol{x}(t)| > \varphi(t)$ wird; dabei soll die gesuchte Wahrscheinlichkeit wie in § 2 definiert werden. Es wird uns insbesondere der Grenzwert dieser Wahrscheinlichkeit für $\tau \to 0$ interessieren. Als Ergebnis werden wir erhalten, daß auch in dieser „lokalen" Fragestellung die analoge Funktion $\varphi(t) = \sqrt{2t \lg\lg \frac{1}{t}}$ die Rolle einer „scharfen oberen Grenze" übernimmt. Es gilt nämlich folgender

Satz: *Es sei δ eine beliebig positive Zahl <1; bedeutet dann $w_+(t)$ [bzw. $w_-(t)$] die Wahrscheinlichkeit dafür, daß innerhalb der Zeitstrecke $0 < t \leqq \tau$ wenigstens einmal*

$$\frac{|\boldsymbol{x}(t)|}{\sqrt{2t \lg\lg \frac{1}{t}}} > 1 + \delta \qquad [\textit{bzw.} > 1 - \delta]$$

wird, so ist

$$\lim_{\tau \to 0} w_+(\tau) = 0. \qquad [\textit{bzw.}\quad w_-(\tau) = 1 \quad \textit{für alle} \quad \tau > 0]$$

Beweis: Es sei λ eine (kleine) positive Zahl < 1, die später näher bestimmt werden soll, und man setze

$$t_m = (1 - \lambda)^m; \qquad (m = 0, 1, 2, \ldots)$$

ferner sei $\chi(t) = \sqrt{2t \lg\lg \frac{1}{t}}$. Dann ist nach Hilfssatz 4 für genügend großes m

$$W\Big\{\underset{t_{m+1} \leqq t \leqq t_m}{\operatorname{Max}} \boldsymbol{x}(t) > (1 + \delta)\,\chi(t_{m+1})\Big\} \leqq W\{\boldsymbol{X}(t_m) > (1 + \delta)\,\chi(t_{m+1})\}$$

$$\leqq 2W\Big\{\boldsymbol{x}(t_m) > (1 + \delta)\,\chi(t_{m+1}) - \sqrt{2t_m}\Big\} \leqq 2W\Big\{\boldsymbol{x}(t_m) > \Big(1 + \frac{\delta}{2}\Big)\chi(t_{m+1})\Big\}$$

$$= \frac{2}{\sqrt{2\pi t_m}} \int\limits_{\left(1+\frac{\delta}{2}\right)\chi(t_{m+1})} e^{-\frac{u^2}{2t_m}}\,du = \frac{2}{\sqrt{\pi}} \int\limits_{\left(1+\frac{\delta}{2}\right)\frac{\chi(t_{m+1})}{\sqrt{2t_m}}} e^{-z^2}\,dz$$

$$< \frac{2}{\sqrt{\pi}}\, e^{-\left(1+\frac{\delta}{2}\right)^2 (1-\lambda) \lg\lg \frac{1}{t_{m+1}}} = \frac{C_1}{(m + 1)^{1+\xi}},$$

wo $\xi = \left(1 + \frac{\delta}{2}\right)^2 (1 - \lambda) - 1$ für genügend kleines λ positiv ist und weder C_1 noch ξ von m abhängt. Wegen

$$w_m = W\left\{\underset{t_{m+1} \leqq t \leqq t_m}{\mathrm{Max}} \frac{\boldsymbol{x}(t)}{\chi(t)} > 1 + \delta\right\}$$
$$\leqq W\left\{\underset{t_{m+1} \leqq t \leqq t_m}{\mathrm{Max}} \boldsymbol{x}(t) > (1 + \delta)\, \chi(t_{m+1})\right\}$$

ist daher auch

$$w_m < \frac{C_1}{(m+1)^{1+\xi}}.$$

Folglich ist

$$W\left\{\underset{0 < t < t_m}{\mathrm{Max}} \frac{\boldsymbol{x}(t)}{\chi(t)} > 1 + \delta\right\} \leqq \sum_{k=m}^{\infty} w_k < C_1 \sum_{k=m}^{\infty} \frac{1}{(k+1)^{1+\xi}},$$

und da aus Symmetriegründen offenbar auch

$$W\left\{\underset{0 < t < t_m}{\mathrm{Min}} \frac{\boldsymbol{x}(t)}{\chi(t)} < -(1 + \delta)\right\} < C_1 \sum_{k=m}^{\infty} \frac{1}{(k+1)^{1+\xi}}$$

gilt, so ist

$$w_+(t_m) = W\left\{\underset{0 < t < t_m}{\mathrm{Max}} \frac{|\boldsymbol{x}(t)|}{\chi(t)} > 1 + \delta\right\} < 2C_1 \sum_{k=m}^{\infty} \frac{1}{(k+1)^{1+\xi}}$$

und folglich

$$\lim_{\tau \to 0} w_+(\tau) = \lim_{m \to \infty} w_+(t_m) = 0,$$

womit die erste Behauptung des Satzes bewiesen ist.

Nun sei μ eine (kleine) positive Zahl, die wiederum später näher bestimmt werden soll; es ist für festes $\gamma\,(0 < \gamma < 1)$ und genügend großes m

$$(31)\quad \left\{\begin{aligned} V_m &= W\{\boldsymbol{x}(\mu^m) - \boldsymbol{x}(\mu^{m+1}) > (1-\gamma)\,\chi(\mu^m - \mu^{m+1})\} \\ &= \frac{1}{\sqrt{2\pi(\mu^m - \mu^{m+1})}} \int\limits_{(1-\gamma)\chi(\mu^m - \mu^{m+1})} e^{-\frac{u^2}{2(\mu^m - \mu^{m+1})}}\, du \\ &> \frac{1}{\sqrt{2\pi(\mu^m - \mu^{m+1})}} \int\limits_{(1-\gamma)\chi(\mu^m - \mu^{m+1})}^{\left(1+\frac{\gamma}{2}\right)\chi(\mu^m - \mu^{m+1})} e^{-\frac{u^2}{2(\mu^m - \mu^{m+1})}}\, du \\ &> \frac{\gamma\,\chi(\mu^m - \mu^{m+1})}{2\sqrt{2\pi(\mu^m - \mu^{m+1})}}\, e^{-\left(1+\frac{\gamma}{2}\right)^2 \lg\lg \frac{1}{\mu^m - \mu^{m+1}}} \\ &= \frac{\gamma}{2\sqrt{\pi}} \sqrt{\lg\lg \frac{1}{\mu^m - \mu^{m+1}}}\, \frac{1}{\left(m \lg \frac{1}{\mu} + \lg \frac{1}{1-\mu}\right)^{\left(1-\frac{\gamma}{2}\right)^2}} > \frac{C_2}{m^{1-\eta}}, \end{aligned}\right.$$

wo $C_2 > 0$ und $\eta > 0$ von m unabhängig sind. Bedeutet nun u_m die Wahrscheinlichkeit dafür, daß alle Ungleichungen

$$(32)\qquad \begin{cases} |\mathbf{x}(\mu^i)| \leqq (1-\delta)\,\chi(\mu^i), & (i = m+1, m+2, \ldots) \\ |\mathbf{x}(\mu^m)| > (1-\delta)\,\chi(\mu^m) \end{cases}$$

erfüllt werden, und U_m die Wahrscheinlichkeit der Ungleichung

$$\operatorname*{Max}_{i \geqq m} \frac{|\mathbf{x}(\mu^i)|}{\chi(\mu^i)} > 1 - \delta,$$

so ist offenbar

$$U_m - U_{m+1} = u_m.$$

Andererseits ist aber im System

$$(33)\qquad \begin{cases} |\mathbf{x}(\mu^i)| \leqq (1-\delta)\,\chi(\mu^i), & (i > m) \\ \mathbf{x}(\mu^m) - \mathbf{x}(\mu^{m+1}) > (1-\gamma)\,\chi(\mu^m - \mu^{m+1}) \end{cases}$$

die letzte Ungleichung von den übrigen stochastisch unabhängig, so daß die Wahrscheinlichkeit des Systems (33) gleich

$$V_m(1 - U_{m+1})$$

ist. Für genügend kleines μ, $\gamma < \delta$ und genügend großes m folgt aber (32) aus (33), wie man sich mit Leichtigkeit überzeugt, wenn man dieselbe Schlußweise wie in **3** anwendet; demnach ist

$$u_m = U_m - U_{m+1} \geqq V_m(1 - U_{m+1})$$

und folglich

$$1 - U_m \leqq (1 - U_{m+1})(1 - V_m).$$

Das ergibt aber wegen (31)

$$1 - U_1 \leqq (1 - U_{m+1}) \prod_{k=1}^{m} (1 - V_k) < \prod_{k=1}^{m} \left(1 - \frac{C_2}{k^{1-\eta}}\right)$$

und folglich, da m beliebig groß angenommen werden darf,

$$U_1 = 1.$$

Nun ist aber

$$w_-(\mu) = W\left\{\operatorname*{Max}_{0 \leqq t \leqq \mu} \frac{|\mathbf{x}(t)|}{\chi(t)} > 1 - \delta\right\}$$

$$\geqq W\left\{\operatorname*{Max}_{i \geqq 1} \frac{|\mathbf{x}(\mu^i)|}{\chi(\mu^i)} > 1 - \delta\right\} = U_1 = 1;$$

und da hierin μ beliebig klein gewählt werden kann, so ist damit auch die zweite Behauptung des Satzes bewiesen.

Literaturverzeichnis.

1. Bachelier, P.: Théorie de la spéculation. Ann. Ecole norm. Bd. 17 (1900) S. 21.
2. — Calcul des probabilités. 1912.
3. Bernstein, S.: Sur l'extension du théorème limite du calcul des probabilités aux sommes de quantités dépendantes. Math. Ann. Bd. 97 (1927) S. 1.
4. Cantelli, F. P.: Sulla probabilità come limite della frequenza. Rend. d. R. Accad. Naz. dei Lincei (5) Bd. 26 (1917) S. 39.
5. Castelnuovo, G.: Calcolo delle probabilità Bd. II 1928.
6. Finetti, B. de: Sulle funzioni a incremento aleatorio. Rend. d. R. Accad. Naz. dei Lincei (6) Bd. 10 (1929) S. 163.
7. — Sulla possibilità di valori eccezionali per una legge di incrementi aleatori. Rend. d. R. Accad. Naz. dei Lincei (6) Bd. 10 (1929) S. 325.
8. Gevrey, M.: Sur les équations aux dérivées partielles du type parabolique. J. Math. pures appl. (6) Bd. 9 (1913) S. 305.
9. Hardy, G. H., and J. E. Littlewood: Some problems of diophantine approximation. Acta math. Bd. 37 (1914) S. 155.
10. Hausdorff, F.: Grundzüge der Mengenlehre, S. 421. 1913.
11. Khintchine, A.: Über dyadische Brüche. Math. Z. Bd. 18 (1923) S. 109.
12. — Über einen Satz der Wahrscheinlichkeitsrechnung. Fundam. Math. Bd. 6 (1924) S. 9.
13. — Über das Gesetz der großen Zahlen. Math. Ann. Bd. 96 (1926) S. 152.
14. — Begründung der Normalkorrelation nach der Lindebergschen Methode. Nachr. d. Ver. d. Forschungsinstitute Univ. Moskau Bd. 1 (1928).
15. — Sur la loi forte des grands nombres. C. R. Acad. Sci., Paris Bd. 186 (1928) S. 285.
16. — Remarques sur les suites d'événements obéissant à la loi des grands nombres. Mat. Sbornik Bd. 39 (1932) S. 115.
17. Kolmogoroff, A.: Über das Gesetz des iterierten Logarithmus. Math. Ann. Bd. 101 (1929) S. 126.
18. — Über die analytischen Methoden in der Wahrscheinlichkeitsrechnung. Math. Ann. Bd. 104 (1931) S. 415.
19. — Sulla forma generale di un processo stocastico omogeneo. Rend. d. R. Accad. Naz. dei Lincei (6) Bd. 15 (1932) S. 805 u. 866.
20. — Eine Verallgemeinerung des Laplace-Ljapounoffschen Satzes. Bull. Acad. Sci. USSR. 1931 S. 959.
21. — Über die Grenzwertsätze der Wahrscheinlichkeitsrechnung. Bull. Acad. Sci. USSR. 1933 S. 363.
22. Lévy, P.: Sulla legge forte dei grandi numeri. Giorn. Ist. Ital. Attuari (II) Bd. 1 (1931) S. 3.
23. Lindeberg, J. W.: Eine neue Herleitung des Exponentialgesetzes in der Wahrscheinlichkeitsrechnung. Math. Z. Bd. 15 (1922) S. 211.
24. Ljapounoff, A.: Sur une proposition de la théorie des probabilités. Bull. Acad. Sci. St.-Pét. (5) Bd. 13 (1900) S. 359.
25. — Nouvelle forme du théorème sur la limite de probabilités. Mém. Acad. Sci. St.-Pét. (8) Bd. 12 (1901) Nr. 5.
26. Lüneburg, R.: Das Problem der Irrfahrt ohne Richtungsbeschränkung und die Randwertaufgabe der Potentialtheorie. Math. Ann. Bd. 104 (1931) S. 700.

27. Mises, R. v.: Über die Wahrscheinlichkeit seltener Ereignisse. Z. angew. Math. Mech. Bd. 1 (1921) S. 121.
28. — Wahrscheinlichkeitsrechnung und ihre Anwendungen in der Statistik und theoretischen Physik. 1931.
29. Perron, O.: Eine neue Behandlung des ersten Randwertproblems für $\Delta u = 0$. Math. Z. Bd. 18 (1923) S. 42.
30. Petrowsky, J.: Über das Irrfahrtproblem. Erscheint in Math. Ann.
31. Pollaczek-Geiringer, H.: Über die Poissonsche Verteilung und die Entwicklung willkürlicher Verteilungen. Z. angew. Math. Mech. Bd. 8 (1928) S. 292.
32. Pólya, G.: Sur quelques points de la théorie des probabilités. Ann. Inst. H. Poincaré Bd. 1 (1930) S. 117.
33. Sternberg, W.: Über die Gleichung der Wärmeleitung. Math. Ann. Bd. 101 (1929) S. 394.

Druck: KN Digital Printforce GmbH · Schockenriedstraße 37 · 70565 Stuttgart